卿卿衣语

优雅女神成长手册

陈佳宇◎著

化学工业出版社
·北京·

本书从五个部分来教授在现实生活中如何穿衣搭配、提升自己的魅力。

第一部分主要是了解自己，掌握体型、色彩等内容，做好个人的风格诊断；第二部分是了解服装，学习服饰搭配原则与技巧；第三部分是不同场合的穿衣搭配，学习在各种场合体现自己的穿衣品位；第四部分是来做穿衣的艺术家，构建好自己的穿衣风格；第五部分是管理好自己的衣橱，追求品质的生活。

让我们来和服装好好地谈一场恋爱，成为别人眼里的风景吧！

图书在版编目（CIP）数据

卿卿衣语/陈佳宇著. —北京：化学工业出版社，2019.9

（优雅女神成长手册）

ISBN 978-7-122-34708-4

Ⅰ. ①卿… Ⅱ. ①陈… Ⅲ. ①服饰美学－女性读物 Ⅳ. ①TS941.11-49

中国版本图书馆CIP数据核字（2019）第121833号

责任编辑：李彦玲　　美术编辑：王晓宇
责任校对：边　涛　　装帧设计：水长流

出版发行：化学工业出版社
（北京市东城区青年湖南街 13 号　邮政编码 100011）
印　　装：北京新华印刷有限公司
880mm × 1230mm　1/32　印张 4½　字数 81 千字
2019 年 9 月北京第 1 版第 1 次印刷

购书咨询：010-64518888
售后服务：010-64518899
网　　址：http://www.cip.com.cn
凡购买本书，如有缺损质量问题，本社销售中心负责调换。

定　　价：39.80 元　

我要对你说

我们世界上的每一人都如同这世上的树叶一样，没有哪一片是相同的。同样是一件衣服，穿在不同的人身上，出来的效果也是不一样的。因为每一种服装都有它不同的语言，每一种颜色都有它不同的表达，每一种款式都适合不同的体型，每一种搭配都有它独特的情感……穿衣服就像谈恋爱一样，想要穿得得体优雅，想要穿得时尚有品位，就要像对待恋人一样去对待衣服，去认识它、了解它、感受它、触摸它，从每一个角度，每一处细节。当你可以对它了如指掌的时候，你再来了解一下你自己，因为在生活中，很多人会陷入一个误区：他们会跟随时装的潮流随波逐流，会跟随穿衣达人的引导而全盘效仿，完全忘记了服装本身所赋予人的意义，其实穿衣打扮这件事归根结底不是购置服装，而是构建风格！

正所谓的“我歌月徘徊，我舞影零乱”。

这本书能够顺利出版，要特别感谢中国服装疗愈研究院，感谢东华大学拉萨尔服装学院，感谢秋彤老师，感谢美翎老师，在此，要对你们深深的鞠躬！

陈佳宇

2019年5月

CONTENTS 目录

CHAPTER 1 我是谁

你是否知道真正的自己？我们常常将美建立在眼睛看到的基础之上，往往会跟随潮流，盲目追求时尚……错误地向外去寻我，从而忘记了我们自己这个最最重要的个体，我们就是自己的自然界，所有对美的追求和根源都应该从内向外去探索……

CHAPTER 2 来跟服饰谈场恋爱

不管什么价位的衣服，买回来就能称为别致的几乎没有，别致应该是服装与人的结合：让服装的剪裁配合您的形体，让服装的颜色配合您的肤色，让服装的质地配合您的生活方式。不管您愿不愿意，着装是别人看见我们的第一件东西，服装每天包裹着我们的身体，像恋人一样陪伴我们驰骋在生命的每一个战场……

CHAPTER 3 不同场合的穿衣心经

任何一个社会角色都有一个角色丛。一位女士，在单位里，既是公司部门经理，同时又是总公司的下属员工；在家庭中是女儿或儿媳，还是母亲或是妻子……在形象上该如何根据场合与角色来精准地定位呢？在不同的场合该如何清晰地表达自己的穿衣品位呢？

CHAPTER 4 来做穿衣的艺术家

穿衣打扮对于我们来说永远是件有趣的事情，因为我们从服装里可以体会每一个角色，发现每一个不同的自己。道家讲：大道合乎自然。而穿衣对我们每个人来说也要遵循大道之法，那就是只做你自己，而不是去看别人。因为我们每一个人都是一个自然人，都是一个个体，就像这世界的树叶一样，没有一片是相同的。

CHAPTER 5 让你的衣橱更懂你

你的衣橱是否杂乱无章，无矩可循？你是否一直在“剁手”，却永远无衣可穿？你常穿的衣服是否只占衣橱的20%？想要又省钱又省时，还能过上理想的品质生活吗？科学整理你的衣橱吧！

CHAPTER 1

我是谁

你是谁？
你有怎样的过去？
你喜欢什么？
你的使命是什么？
你想成为什么样的人？
你的穿衣困惑是什么？
如何在多重角色中自由穿行？
如何平衡用服装表达真实的自我？

了解身体，
就是在逐步发掘自身蕴藏的穿衣能量，
这种能量能让你的形象焕发出无限的生机
与活力。

你认识自己吗？毫无疑问，很多人的回答是疑惑的。

托马斯·纳斯特是19世纪著名的政治漫画家。一次，在和朋友的聚会中，有人邀请他以每一个与会者为参照画一幅漫画。画漫画对于纳斯特来说太容易了，寥寥几笔便可成型。当这些漫画被大家传阅时，让人意外的是，几乎所有人都认出了别人，却恰恰没有人认出自己。

一、服装与身体的对话

完美的身材只是一个传说，生活中95%的人对自己的形体都会不太满意，身材高挑的人常常会羡慕娇小玲珑的身材，丰满圆润的人又常常会向往健美骨感的轮廓。到底该如何达到自己想要的完美呢？其实，这个世界上所谓的完美，是要拥有一颗了解自己又懂得自我欣赏的心。

事实上，认识别人容易，认识自己很难。这正如一盏灯能照亮周边的黑暗，却无法照亮自己脚下的方寸之地一样，正所谓“灯下黑”。从事美业工作多年，我几乎每天都要接触到一定数量的客户。

大部分人对自己形象的认知是模糊的。他们形形色色，各有不同，但若细分一下，也无外乎两种：一种是不了解自己，一种是不了解服装。而谈到不了解自己，大家对其问题也会各有不同，若分一下，也无外乎三种：一是找不到属于自己的色彩，干脆整日地黑白灰；二是不知道该选择怎样的服装款式，于是更多地追随于潮流或是没有任何方法地去试验各种款式；三是对自己的穿衣风格没有清晰的定位，完全错位或是不在点上。结果，很多人经常会把自己丑化，整日为一个不是自己的“自己”尽心竭力。生活中，有那么多的人因为不了解自己、不了解服装而粗放地经营着自己的形象。

那么我们来问一下自己，我是谁？我要成为谁……当你真正了解了自己，了解了服装，让它们来好好地谈一场恋爱，你一定会找到自己的穿衣风格。你相信吗？一个原本其貌不扬的女人，完全可以通过与自己内在和外在的对话，而快速变成一个魅力四射的女人，成为一个有影响力的人，成为别人眼里的一道特别的风景！

下面用我们身体的一个部位来举例。

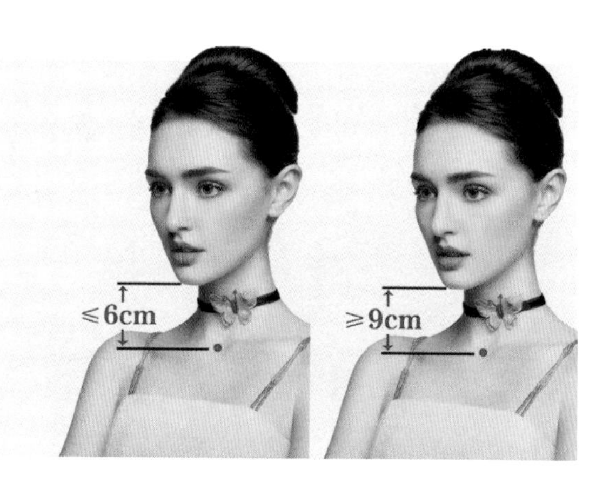

女人的颈，早在《诗经·卫风》中有一句：“手如柔荑，肤如凝脂，领如蝤蛴，齿如瓠犀，螓首蛾眉，巧笑倩兮，美目盼兮”。“领如蝤蛴”是中国最早谈到女人的颈项美的文字。

看着镜子，测量从下巴到锁骨的垂直的距离，小于或等于6厘米，属于短脖，大于或等于9厘米，属于长脖。

较长颈部的修饰：细长的脖子通常是女性求之不得的，但如果你觉得它太过细长而影响了整体协调的话，可以用一些辅助饰物将人们的视线引开。比如用丝巾围在颈部，提高领子的高度或佩戴引人注目的胸针，在视觉上制造断面，使颈部显短。选择鲜亮的口红，使人们的视线集中在唇部。选择蓬松的发型，使颈部产生膨胀感。

较短颈部的修饰：如果脖子太短，以致让人产生缩脖子的感觉的话，可以通过下面几种方法使它看起来长一些：选择凹领或V形领的服装，使颈部产生延伸感；也可以借助长项链制造同样的凹感，使颈部与肩的比例趋于正常；在颈部两侧刷上红色阴影粉，加强立体感；把头发拢在脑后盘起来，亮出整个颈部，会增添无限魅力。

二、肤色与服色的神秘和谐

1. 四季色彩

20世纪40年代的美国，在一家帽子店里，售货员Susanna在五颜六色的帽子中帮助顾客挑选。“Susanna，你总是知道我应该戴什么样的帽子，尤其是颜色，选得那么合适！”每次顾客都会开心地这样说。日子一天天过去，来找Susanna买帽子的人越来越多，Susanna到底有什么销售秘诀呢？长期以来，在Susanna的脑海中，早就下意识地把顾客的肤色特征分为四类，分别和四类色彩相对应，一类浅淡而温暖，一类浅淡而凉爽，一类温暖灿烂，最后一类则是冷而深。为了便于记忆，Susanna便把这四种颜色用春夏秋冬来表示，四季色彩的概念由此诞生。后来，四季色彩理论在服装中应用得更为广泛。

春季型和秋季型是暖色系，夏季型和冬季型为冷色系。

冷色系是以蓝色为底色，七彩色都是冷色，与冷色基调搭配和谐的无彩色黑灰等。

暖色系是除了黄色、橙色、橘红色以外，所有以黄色为底色的颜色。暖色系一般会给人华丽、成熟、朝气蓬勃的印象，而适合与这些暖色基调的有彩色相搭配的无彩色系，除了白、黑，最好使用驼色、棕色、咖啡色。

春季型的人与大自然的色彩有着完美和谐的统一感。

她们往往有着玻璃珠般明亮的眼睛与细腻、透明的皮肤，神情充满朝气，给人以年轻、活泼、娇美、鲜嫩的感觉。春季型的人用鲜艳、明亮打扮自己，会比实际年龄显年轻（最适合浅暖色），比如浅橘色、翠绿色这些很多人不敢尝试的颜色，春季型人穿毫无压力。

肤色特征：浅象牙色、暖米色、细腻而有透明感、红晕呈珊瑚粉

眼睛特征：像玻璃球一样熠熠闪光，眼珠为亮茶色、黄玉色

发色特征：明亮如绢的茶色、柔和的棕黄色、栗色，发质柔软

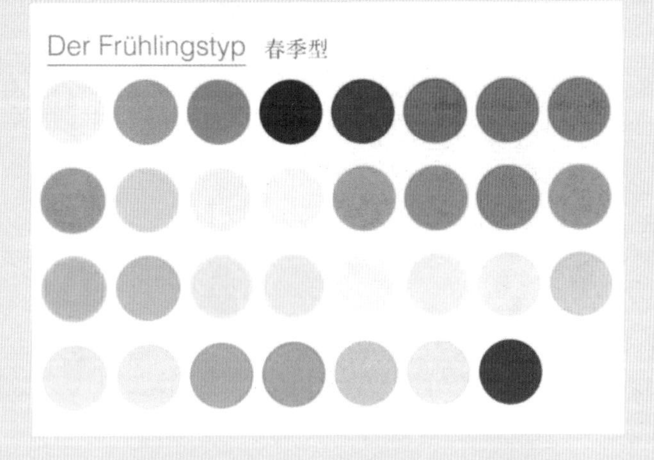

春天的味道，是淡淡花香、青青绿草。春是万物复苏的时节，你身上绽放的色彩，应是与这股生命力相伴、应运而生的力量。所以，绿意、生命、希望，都在这一身显现。

春季型——暖色中的黄色系列，如：象牙白、橙色、橘红等明亮鲜艳、轻快的颜色，鲜明、对比色搭配。

夏季型的人给人以温婉飘逸、柔和而亲切的感觉。如同一潭湖水，会使人体在焦躁中慢慢沉静下来，去感受清静的空间。

夏季型人的身体色特征决定了轻柔淡雅的颜色才能衬托出她们温柔、恬静的气质（最适合浅冷色）。衣服选择柔软的材质，女性化的款式。

肤色特征：粉白、乳白色皮肤，带蓝调的褐色皮肤，小麦色皮肤，红晕呈淡淡的水粉色

眼睛特征：目光柔和，整体感觉温柔，眼珠呈焦茶色、深棕色或玫瑰棕色

发色特征：轻柔的黑色、灰黑色、柔和的棕色或深棕色

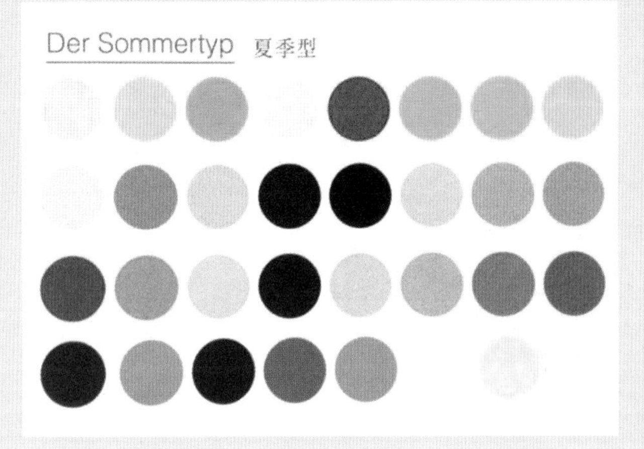

印象中的夏天，有冰镇西瓜汽水和午后洒满院落不愿离去的红日。这个季节的色彩，蕴藏着热烈的气息，述说着生命的顽强与延续。

夏季型——冷色中的蓝色、紫色、粉色系列及浅灰色、乳白色等。同色或邻色系列搭配，避免反差和强烈的对比色。

主色：蓝紫色

夏季型人肤色白皙，圆脸居多，有芭比的可爱感，一般看起来比实际年纪小。

夏季型人适合柔和冷色系，适合柔软材质，女性化的款式。

秋季型的人有着瓷漆般平滑的象牙色皮肤或棕黄色皮肤，一双沉稳的眼睛，配上深棕色的头发，给人以成熟、稳重的感觉，是四季色中最成熟而华贵的代表。秋季型人穿用与自身色特征相协调的以金色为主调的色系颜色，会显得自然、高贵、典雅，是具备御姐潜质的群体。

肤色特征：瓷漆般的象牙色皮肤，深橘色、暗驼色或黄橙色

眼睛特征：深棕色、焦茶色，眼白为象牙色或略带绿的白

发色特征：褐色、棕色、古铜色、巧克力色

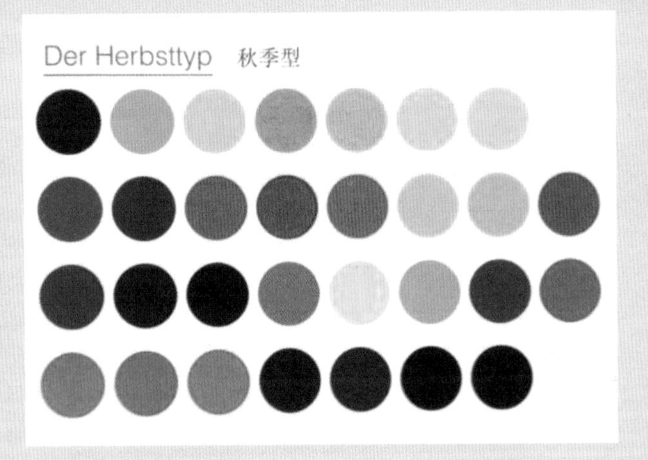

丰收、喜悦，是秋天的词语。金秋送爽，微风拂面，这个属于收获的季节，连心都仿佛滴入了金黄染料，漾起澄澈波澜。

秋季型——暖色中的金色、驼色、棕色、苔绿色，适合浓淡搭配，同色系、邻色系搭配，尽量避免反差和强烈的对比色。

冬季型的人最适合用鲜明对比、饱和纯正的颜色来装扮自己。黑发白肤与眉间锐利鲜明的对比，给人深刻的印象，充满个性，与众不同。无彩色以及大胆热烈的纯色系非常适合冬季型人的肤色与整体感觉。

肤色特征：青白色或略暗的橄榄色，青色的黄褐色

发色特征：乌黑发亮、黑褐色、银灰、深酒红

眼睛特征：眼睛黑白分明、目光锐利、眼珠为深黑色、焦茶色

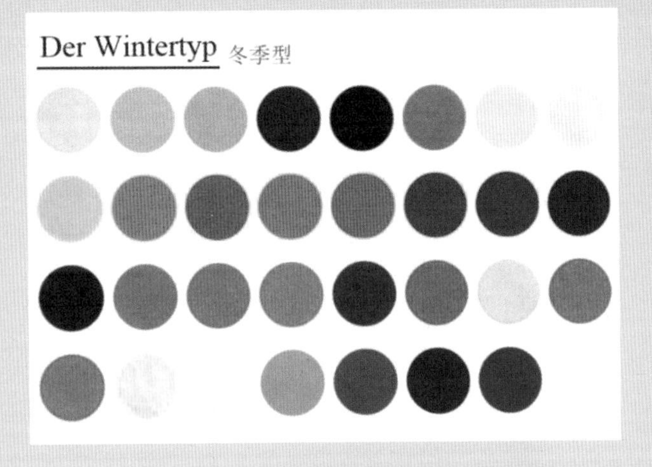

银装素裹，寄托着来年的小确幸。是一头扎进白雪地里的欢愉，是抬眼瞥见灰蓝天空悬挂着冬日的暖意。冬天的色彩，看似沉稳低调，实则是为下一个四季隐匿着厚积薄发的大气。

冬季型——冷色中的黑、白、灰，正红、酒红色、藏蓝色以及所有的纯正饱和的颜色，鲜明与对比色。

搭配：主色为黑白灰。

通过下面的选择来判断你是哪个季节型的人？

1. 你的头发是怎样的？

A. 浓、厚、硬，乌黑发亮或芝麻色

B. 稀、薄、软，棕色偏黑

C. 浓、厚、硬，褐棕色或黑芝麻色

D. 稀、薄、软，棕色偏黄

2. 你的眼睛是怎样的？

A 明亮、目光犀利、有距离感

B 温柔、沉稳、有亲和力、不明亮

C 不明亮、沉稳，甚至蒙上了一层雾

D 明亮、可爱、有亲和力

3. 你的皮肤是怎样的？

A 苍白、偏黄，没有红晕

B 苍白、薄、偏黄

C 棕色、光滑、厚实

D 薄而透，容易脸红、过敏

4. 你的唇色是怎样的？

A 偏玫瑰色

B 偏旧、发乌、苍白

C 偏旧、发乌、色素深

D 偏橘红、鲜艳

答案：A偏多的人是冬季型，B偏多的人是夏季型，C偏多的人是秋季型，D偏多的人是春季型。

2. 色彩的基础知识

世界上只有两种颜色：有彩色和无彩色。有彩色，是多彩的世界舞台色，无彩色是黑白灰的世界。有彩色，有7种彩虹颜色，无彩色有黑、白、灰3种，加上金银，所以说世界上一共有12种颜色。

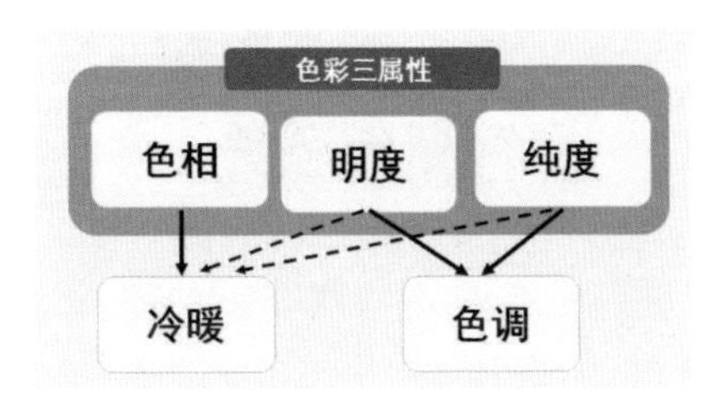

（1）色彩的属性

那色彩的属性是什么呢?

· 色相 色相指的是色彩的颜色叫什么名字，是红色还是黄色。比如说香蕉的那个颜色就是黄色，国旗的那个颜色就是红色。

你能认出色相环上几种色相的名称呢？这就是你对色彩的了解啦。纯度很高的很容易认出来，但是如果混合其它颜色就不那么容易认出来了。

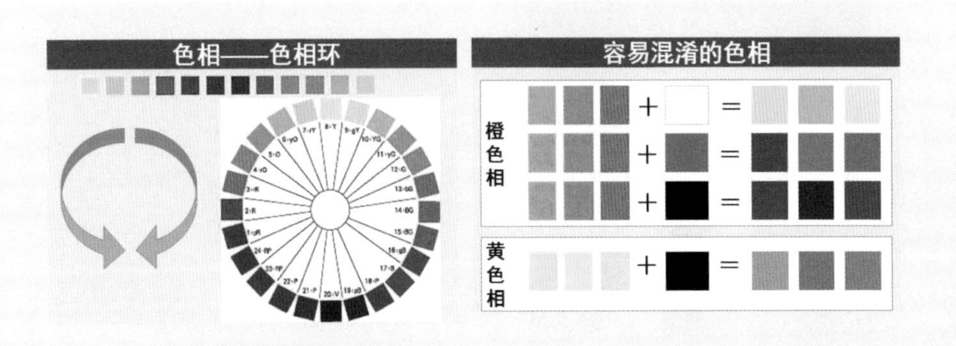

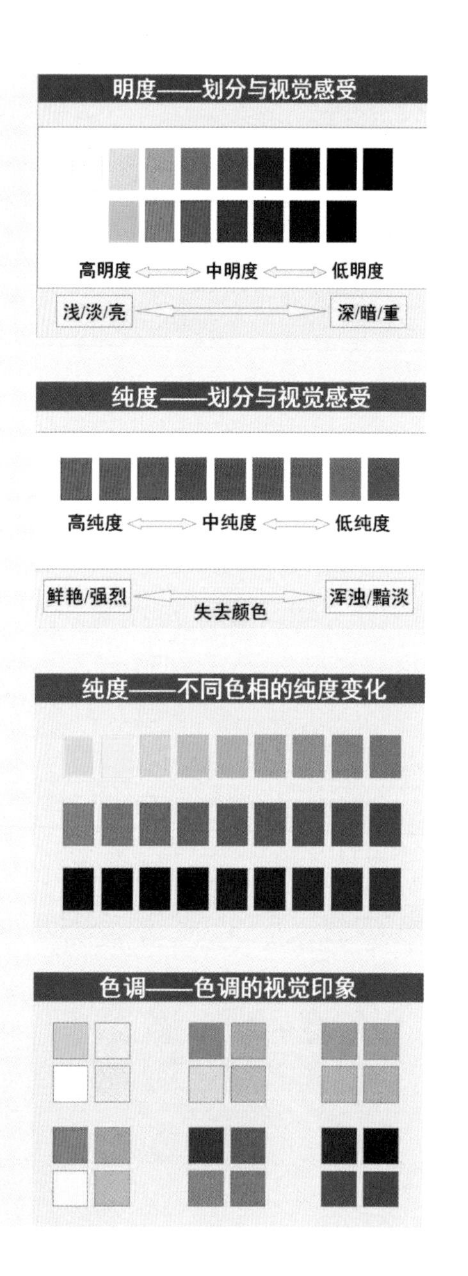

· **明度**　明度就是色彩的明亮程度。光是透明的，白色接近于光，所以白色是明度最高的，而黑色则是明度最低的，它里面就没有色相。

· **纯度**　纯度指的是色彩的饱和程度，也叫饱和度。

高纯度的颜色鲜艳、强烈；中纯度的颜色慢慢开始失去它原来的颜色；低纯度的颜色变得黯淡和浑浊。

· **色调**　色调指的是色彩的调子，指的是一群色彩在一起的时候外观给人的印象。比如说，一群很鲜艳的色彩，在一起的时候叫作艳色调；一群很浊的颜色，在一起的时候叫作浊色调。比如红黄蓝绿四个颜色，混合了不同的颜色之后变成了不同的色调，那不同的色调组合给人的感觉和视觉印象又是不一样的。色调是明度和纯度混合的概念。

·**冷暖** 暖色让人感觉温暖，冷色让人感觉寒冷，受蓝色支配的基调叫作冷基调，受黄色支配的基调叫作暖基调，黄色和蓝色，是对立的两个颜色，一个感觉温暖，一个感觉寒冷。所以在冬天的时候，我们需要暖色的光，感觉会比较温暖；夏天用白炽灯泡感觉比较清凉。

（2）色彩的情感

· 轻与重

色彩会让人感觉比较轻盈飘逸，或者说感觉比较稳重笨拙。所有的颜色，没有什么好坏，就是看你想表达什么？你想表达飘逸一点，还是表达稳重一点？选择不同的颜色就可以了。

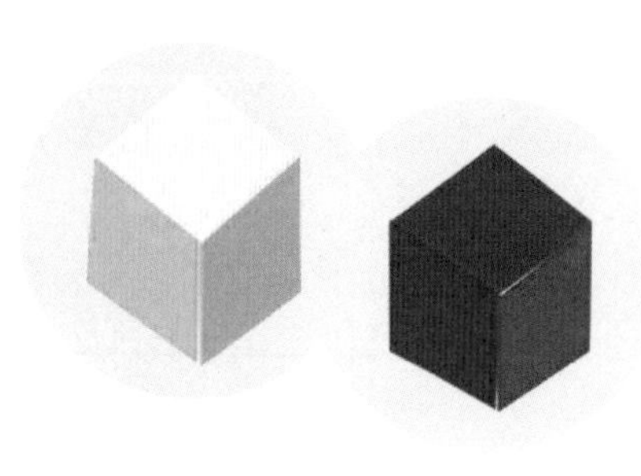

· 兴奋与沉静

色彩会让人感觉到兴奋，或者说比较沉静。

我们看红加黄，特别兴奋和热烈。

· 前进与后退

色彩有前进和后退的视觉效果，图中有哪几个圆圈是让人感觉到往前跳跃的，又有哪几个圆圈是往后退的呢？所以在舞台上你应该穿什么样的颜色去凸显你自己，让人们的目光能够发现你，在什么样的场合，你需要穿一些后退的颜色，不被别人看到呢。

此外，色彩的软硬，色彩的膨胀与收缩，色彩的动与静，色彩的华美与质朴，这些都跟色彩的属性有关系。

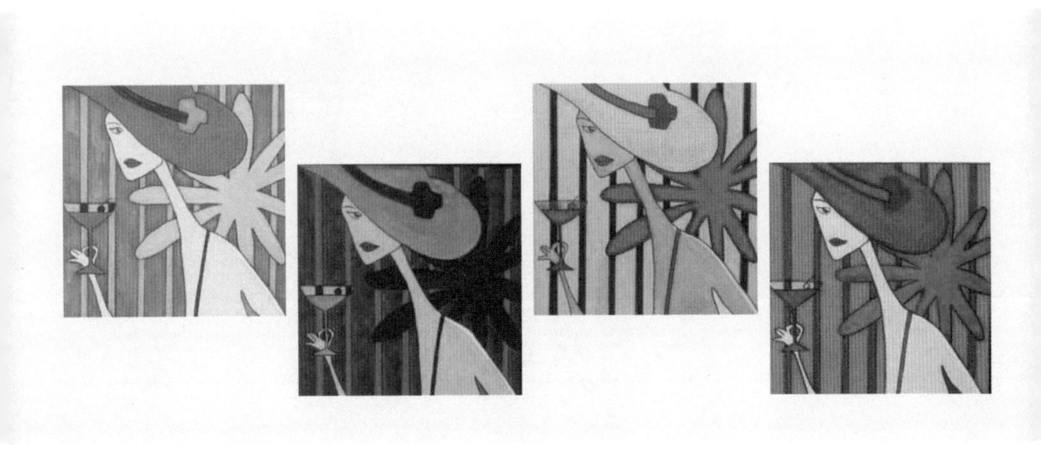

3. 色彩的搭配与应用

首先我们通过图示直观地理解色点间关系的分类：

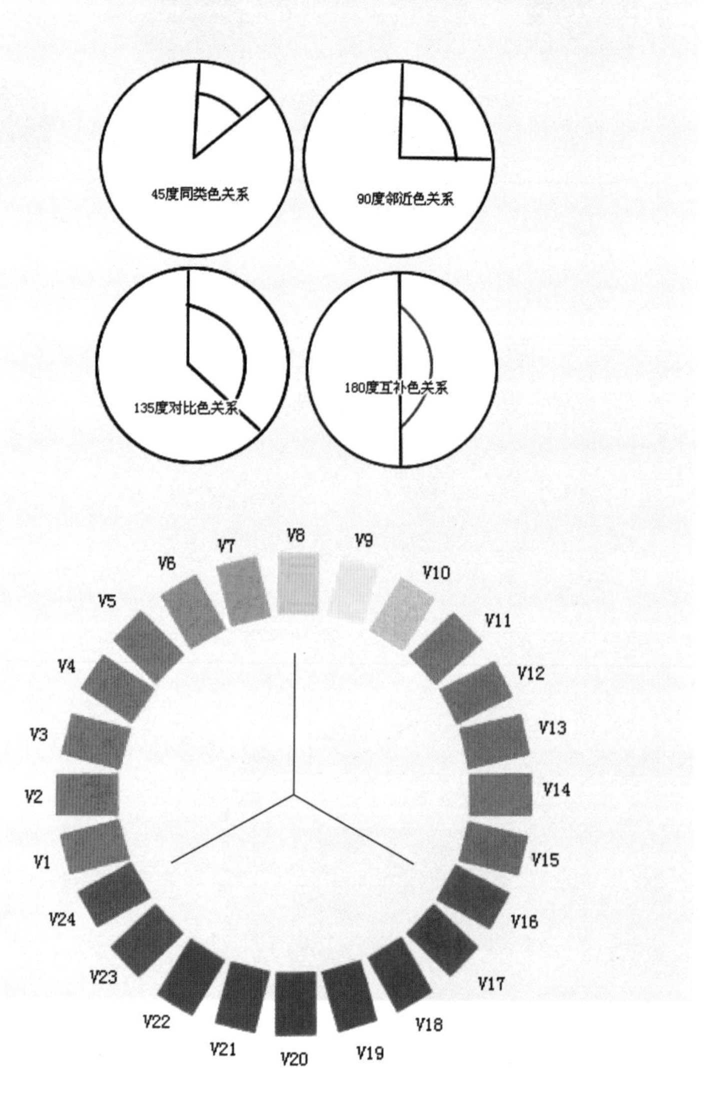

（1）色彩的搭配

·同类色搭配

定义：色相性质相同，但明暗度有深浅之分（是色相环中15度夹角内的颜色）。

举例：藏蓝与宝蓝，深蓝与浅蓝。

效果：端庄、沉静、稳重。

· 邻近色搭配

定义：色相环大约在60度以内的邻近色。

举例：红与橙黄、橙红与姜黄、黄与浅咖、肉粉与姜黄等。

效果：变化较多，但仍能获得统一的效果。

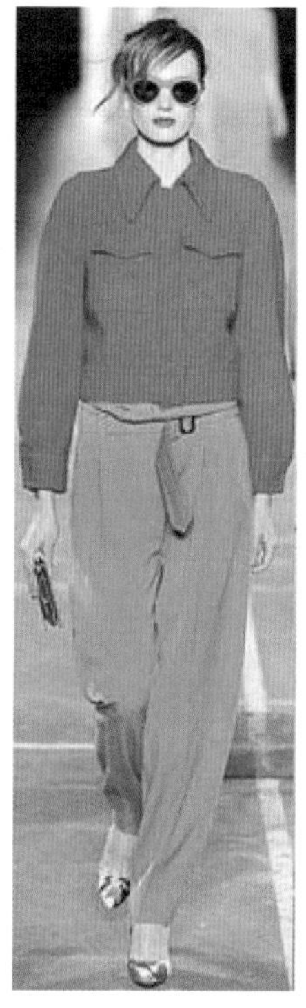

· 互补色搭配

定义： 两个相对的颜色的配合。

举例： 红色与绿色；青色与橙色；黑色与白色。

效果： 互补色相配能形成鲜明的对比，有让人耳目一新的感觉。

· 色彩明度差大、中、小的搭配

差度大是指高明度配低明度，表现得明快、清新。

差度中是指高明度配中明度，中明度配低明度，表现得柔和、协调。

差度小是指相同明度相配，显得稳重、含蓄。

这类色彩搭配的特点比较注重整体的和谐统一，尤其适合职业女性，显示出稳重、成熟的个性。

注意：当高明度与低明度相配时，由于明度相差大，多采用色相进行统一，色彩不宜选用相差过大的色，如互补色（如蓝色与橙色）。

明度差中等的配色表现得柔和、协调。

当明度相差小的同明度相配时，色彩的颜色趋向应有明显的区别，不宜采用同类色，配色要拉开色相或纯度的距离，或采用配饰增加活力和生气。

· 色彩的纯度关系与配色

色彩的纯度强弱是指在纯色中加入不等量的灰色，加入的灰色越多，色彩的纯度越低，加入的灰色越少，色彩的纯度越高，这样可以得出这一纯色不同纯度的浊色，我们称这些色为高纯度色、中纯度色、低纯度色。

高纯度色有明显的华丽感觉，如黄、红、绿、紫、蓝，适合于运动服装设计。中纯度色柔和、平稳，如土黄、橄榄绿、紫罗兰、橙红等，适合于职业女性服装。低纯度色涩滞而不活泼，运用在服装上显得朴素、沉静，这时选择高档面料会使低纯度颜色显得高雅、沉着。

纯度差小的配色：

高纯度与高纯度相配，鲜明、强烈（此种搭配一定要注意技巧的运用）；中纯度与中纯度相配，年轻、华丽；低纯度与低纯度相配，淡雅、朴实。

纯度差中等的配色，有高纯度与中纯度相配。这种配色处理要注意将色与色之间的明度和色相差拉开，不要选太相近色相的色彩；中纯度与低纯度相配，朴素、沉静，在处理这类色彩搭配时，一定要增强明暗对比，扩大明度差，或拉大色相差距，在沉静中注入活力。

（2）色彩与面积的关系

色彩构成中，色彩面积的大小，直接关系到色彩意向的传达。用色面积大的颜色就是所说的主色调，一般占全身面积的60%以上。

辅助色是与主色搭配的颜色，占全身面积的40%左右。它们通常是作为上衣、衬衫、背心等。

点缀色一般只占全身面积的5%～15%。通常是丝巾、鞋、包、饰品等，会起到画龙点睛的作用。

三、体形与款式的关系

在生活中，很多人对自己的身材不满意。没有人拥有完美的体形，但是我们可以学习，不断地提升，学会扬长避短的穿衣技巧，从而拥有看起来完美的身材，拥有得体的穿着和装扮，让你的外在形象体现出良好的修养和独到的品位。

按照五形分类法，体形划分为A型（梨身）、Y型（倒三角身）、H型（长方形身）、X型（漏斗身）、O型（苹果身）这五种。

这五类形体主要围绕肩、腰、臀三个部位的粗细变化来界定，虽然直观，但不能进一步显示影响体形的其他重要因素，比如颈部长度及粗细、大臂粗细、小腿长短，等等。因为同样是A型，有的大臂粗，有的手臂太纤细；胸部较丰满，可能是O型也可能是X型、A型……任何一种体形都有可能存在混合的体形特征。所以在接下来的形体分析中，会加上每一个重点的身体部位，详细说明测量方法，逐一排忧解惑，给出最实用的款式建议，最终找到完美的穿衣解决方案。

1. 三角形（A型）

（1）身材特点

臀部比肩膀宽，臀部圆润，腰肢纤细。下半身屁股和大腿肥胖，大腿粗，小腿细，而臀部和大腿则是三角形（梨型）身材怎么穿衣的最大烦恼之一。

（2）衣着要点

将焦点往上半身移，同时强调腰身线条以平衡下半身比例。

上衣应选择：

· V领

· 叠领、胸部或肩部有装饰的

· 船领、公主袖或者飞袖上衣

· 鲜艳色彩及大胆图案的上衣

· 露肩、U形领口

下装应选择视觉上能使下半身比例缩小的：

· A字裙

· 有褶皱但褶皱较少的裙子

· 从臀部最宽点直线下来的裤子

· 线条简洁的裤子

A字裙是A型身材的制胜法宝。穿上A字裙，遮住了臀部、胯部，凸显了纤细的腰线，较大的裙摆还让原本纤细的双腿更细了。

窄肩和溜肩者的穿着建议：

上浅下深、上花下单（浅色用在上装，深色用在下装；花色图案的面料穿在上半身，下半身用单一色）。

上浅下深和上花下单的穿着目的，都是为了使胸部以上成为设计重点，强调上衣，弱化下装，多穿能增加上衣膨胀感的服装，减弱下装的设计。利用装饰物点亮上半身，转移视线，让视觉远离腿部。

2. 倒三角形（Y型）

（1）身材特点

宽肩和宽胸膛让腰和臀部看起来太过于纤细，从而比例失调。优点就是纤细的长腿。

（2）衣着要点

突出下身曲线，柔和肩部线条。

上装应选择能提升腰部到臀部曲线感的：

- 窄口V领且下摆稍阔的上衣
- 腰间系带的或者收腰的上衣
- 裹身款上衣

下装应选择显臀围饱满、以平衡上下身比例的：

- 口袋工装裤
- 阔腿裤或喇叭裤
- 长裙或A字裙，避免超短裙，这样反而显得头重脚轻
- 百褶裙

3. 矩形（H型）

（1）身材特点

肩膀、腰部、臀部的宽度相近，接近矩形，又称长方形。顾名思义，就是大家常说的衣服架子，T台上的模特绝大多数都属于这种身形，演绎清新少女风绰绰有余，但缺乏女人味儿，穿衣风格比较有局限性。

（2）衣着要点

大部分领形、袖形都适合，重点是勾勒出曲线，以下几点作为选择关键：

· 收腰或带腰带的上衣

· 肩部带装饰设计的上衣

· 胸部有装饰的设计来提升上围

· 胸部材质比较飘逸，有褶皱、视觉饱满的上衣

下装应选择让臀部显丰满的：

- 带口袋的工装裤
- 微喇叭裤
- 多褶皱、有层次感的裙子或蓬蓬裙
- 中低腰、宽腰带的半裙

4. 沙漏形（X型）

（1）身材特点

臀部和肩部宽度一致，使得腰部看起来格外纤细。这是一种丰满中不失窈窕的性感身材，穿衣服很有风韵。沙漏形身材穿衣服基本没什么难题，遵循极简原则就好，过多的装饰会喧宾夺主，而忽略了你的好身材。

（2）衣着要点

上装应选择突出身体曲线为主的：

· 带腰带的上衣

· 束腰或收腰款凸显好身材

· 裹身式的上衣更能显现曲线

· 必须是合身的上衣

· 量身定制的衬衫和夹克，用腰带打造曲线

大部分下装沙漏形都能很好地驾驭，只要上下装搭配协调就很好：

- 高腰裤或铅笔裤
- 鱼尾裙
- 百褶裙

5. 圆形（O型）

（1）身材特点

大部分重量积累在臀部以上。背部、肩膀、肋骨很宽，可能会觉得比其他类型更宽厚，又称苹果形。

（2）衣着要点

上衣选择做到遮盖、色深、样简：

· 收腰或系腰带且下摆稍阔的上衣

· 宽腰带可以掩饰大胯部

· 方领、宽口V领或U领

· 外套也尽量选择宽领口的

应选择显臀围的下装，与圆润的上半身形成和谐比例：

· 阔腿裤、喇叭裤

· 视觉饱满有层次的裙子，比如蓬蓬裙

· 下摆荷叶边裙子

· 避免装饰多的裙子，而使大胯部更显眼

四、你的风格你做主

道家讲：大道合乎自然。用到今天的穿衣风格上来说大道无非也是一种规则：每个人的年龄不同、境遇不同、学识不同、出身不同，所以造就每个人的气质修养和外在形象也是各有不同。接下来就告诉大家穿衣要根据自己的风格合乎大道之法：只有自己的，而不是去看别人。

人体具有不同的风格特征，是由面部特征、身体特征、性格特征构成。在进行风格诊断时，以面部为主，面部特征占70%，身体特征约占20%，性格特征约占10%。

（1）面部特征分析

量感识别：五官比例

- 小（紧凑，局部分散）
- 中（均衡）
- 大（饱满）

动静识别：五官的线条走向，面部的骨骼感，清晰度。

- 动：线条特殊化，骨感分明，清晰度高
- 中间：清晰
- 静：柔和线条

轮廓（直曲）识别：

- 神态理性：直接、明朗、简约、干练、理性
- 中：柔和
- 感性：华美/妩媚、迷人；柔美、母性；甜美、可爱

（2）身体特征分析

- 小量感：150cm—160cm 窄薄（小）
- 大量感：168cm—170cm—180cm 宽厚（大）
- 直曲（轮廓）：H（直）O（偏曲）X（曲）Y（直）A（偏曲）

女性个人风格

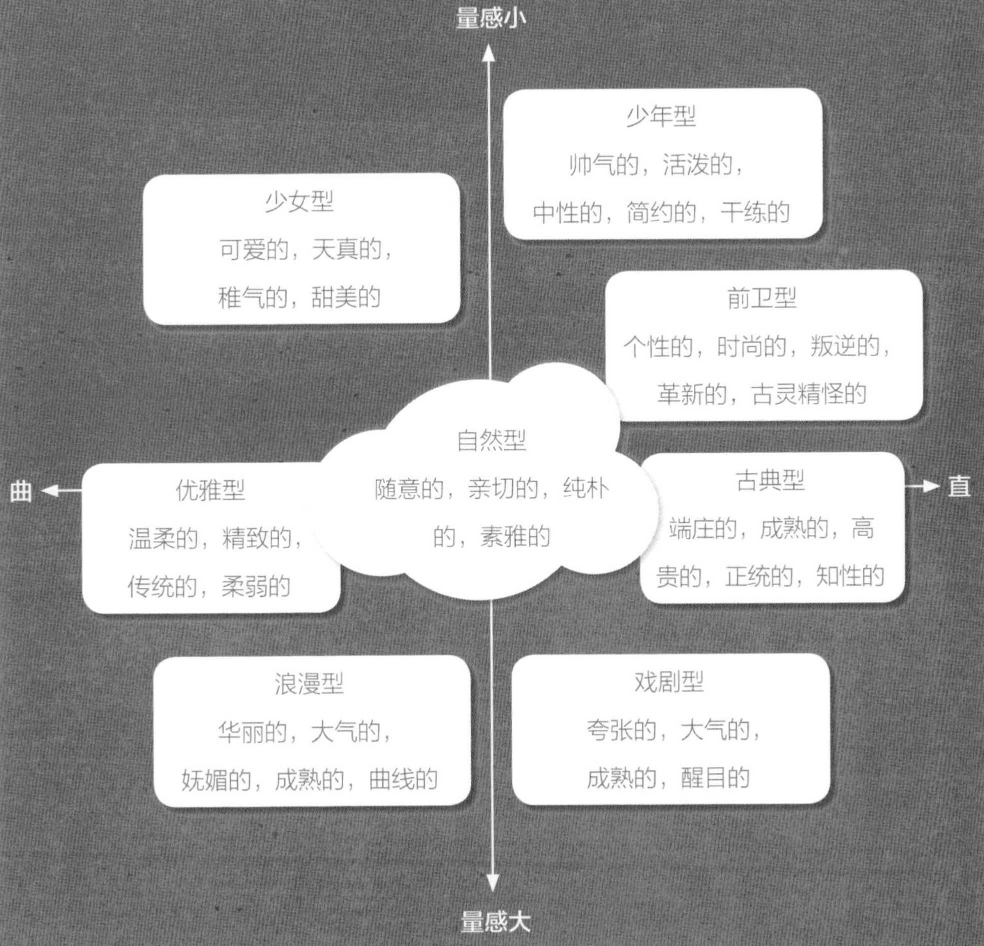

量感小

少年型

帅气的，活泼的，

中性的，简约的，干练的

少女型

可爱的，天真的，

稚气的，甜美的

前卫型

个性的，时尚的，叛逆的，

革新的，古灵精怪的

自然型

随意的，亲切的，纯朴的，素雅的

曲

优雅型

温柔的，精致的，

传统的，柔弱的

古典型

端庄的，成熟的，高贵的，正统的，知性的

直

浪漫型

华丽的，大气的，

妩媚的，成熟的，曲线的

戏剧型

夸张的，大气的，

成熟的，醒目的

量感大

1. 优雅型风格

优雅型量感居中，感性、充满母性、细腻、柔美、温婉、柔媚、娴静、恬谧、淑雅、清丽……我见犹怜的神态，温文尔雅的举止，衬托了优雅型人袅袅婷婷的意趣。优雅的女人是男人比较喜欢的一种女人，面部线条比较柔和，五官精致。她的三个核心词是贵气、柔和、内敛。

优雅的人就是平和的人，就像珍珠一样淡淡地发散着它的光芒。

优雅型人特征：五官和身材纤细、秀气、圆润，带有飘逸感，温柔、雅致、内敛、纤细、恬静、温婉，有较浓郁的女人味。

着装要领：柔软、有飘逸感、曲线柔和的款式。柔和的色彩最适合展现女性魅力，如粉色、紫色、柔和的绿色等。朦胧的图案，有凹凸感的、曲线形的图案，中等大小的花朵。

2. 浪漫型风格

浪漫型风格的代表——玛丽莲·梦露。具有夸张的女人味，高贵圆润的曲线感，身材丰满，眼神妩媚，身上有富贵气，弯弯的眉毛，深受男人欢迎，充满华丽氛围，有着传统的女性化气息。同时，还有一个特点就是夸张大气。

着装要领：不求流行，但这些服饰看起来是曲线的、成熟的、华丽高贵的，要穿有弧线的领和袖，蓬松而线条流畅的长裙，柔软、悬垂感好的宽松型裤子，合体地体现曲线美的套装。

饰品：华丽、夸张而有品位，应该选择一些造型偏大的亮丽的宝石和珍珠类饰品来佩戴。

鞋包：流线型、装饰性强的高跟鞋很适合与浪漫的裙装搭配。适合各种绣花包、软皮包等。

化妆：以迷人的双眼为重点，强调睫毛，适合带有华美感的卷发。

3. 古典型风格

端庄、典雅、高贵、严谨、知性、成熟、稳重、气质坚强……处变不惊的高傲，精益求精的品质，造就了古典型人娇娇不群的气度，五官精致，有一种都市女性成熟而高雅的味道。

着装要领：非常适合剪裁合体、缝制精美的标准职业套装。直线型的V领、小立领、方领都可穿用。在职场中，穿着合体的翻出衬衫领的套装，一定要直线的，特别要加入时尚元素。系上一条高品质的丝巾，是古典型人最拿手的装扮。

鞋包：质量上乘的半高跟鞋，少穿平底鞋。适合材质硬朗、规矩方正、大小适中的皮包。

化妆：注重细节的化妆。

发型：修剪整齐、一丝不苟的发型符合古典型女士的严谨风格。

4. 自然型风格

随意、洒脱、大方天然、轻松、潇洒、亲切、朴素、自信……无有穷尽的活力，随遇而安的率真，返璞归真的写意。

自然之美走的是亲和路线，它的单个关键词：轻松，平和，简单。整体感觉是亲切随和，自然大方，就像邻家的姐姐。

着装要点： 看起来应该是直线的、简约的、质朴的、具有民族风味的、潇洒的、随意而亲切的，保持简约风格，加入时尚元素。

比起华丽多彩的服饰，朴素大方的无领外套、格子裙、A字裙、棒针衫、T恤衫、牛仔裤都是显现她们潇洒外在形象的最佳选择。户外活动时，T恤衫、短裤配运动鞋是最常用的打扮方法。要避开华丽而夸张的服饰。

饰品： 浓重而质朴的木制、铜类、铁类、自然石类等质料来突出自然型女士的朴实，并适合民族风格造型的款式。

鞋包帽： 随意的便鞋，大而有廓形的皮包，大而圆的帽子。

化妆： 极其自然的淡妆。

发型： 在风中飘动的线条流畅的发型最适合。

5. 前卫型风格

率直、出位、叛逆，永远的都市新宠！身材小巧玲珑呈骨感，脸庞偏小、线条清晰，五官个性感强，眼睛有灵动之气。

着装要领：适合时尚、反传统、与众不同的、流行的、高科技的服饰。款式一定要新颖、别致。短上衣、迷你裙、七分裤等。总之，款式突出新颖、别致、个性化，与流行接轨。

拒绝平庸，希望在装扮上使用的每一件东西都与众不同。白天，她可以穿短裤与有个性的T恤，晚上，她又可以穿带有金属装饰物的服装，这就是前卫型女士，一个富有创造意识的自我设计师。

饰品：有个性的，如醒目的胸针，造型怪异的项链、手镯，动物图案的耳饰。一定要另类、复杂而特别、不规则造型的。

鞋包：夸张的、颜色跳跃的鞋子，如松糕鞋、各种流行靴、有造型感的高跟鞋。双肩包、多装饰物的皮包是前卫一族的典范装饰物。

化妆：醒目、鲜明而时尚，使用个性化的颜色，指甲是不可忽视的修饰部分。

发型：麦穗头、超短发、流行的发型。

6. 戏剧型风格

夸张、大气、张扬，永远的视线焦点！欧美人都非常具备这个特质，身材也很高大、骨感。在东方人来说，如果你比实际身高要显高，可能你也有夸张的这种气质在，然后整体感觉引人注目，吸引眼球，有存在感。

戏剧型特征：身材高大呈骨感，面部轮廓线条分明，五官夸张而立体。

着装要领：要突出个性，拒绝平庸，大开领、宽松袖、阔腿裤、夸张的花边与皱褶、夸张的男性化服装，都能让戏剧型女士更加出众。适合各种呢料、丝绒、皮革和闪光面料，软硬适宜。职业装上要夸张，纽扣大、衣领大，要有强烈刻意的味道，富有个性，任何衣服都要成熟而大气。在图案上，与服装款式协调统一的几何类图案、夸张的花纹、抽象类图案都是最佳选择。

饰品：具有时髦的现代气息，偏大而夸张，更能吸引人的目光，如大珠子、大戒指，铁链式、乌龟式的项链。

鞋包：要具有醒目而夸张的特点，不同场合要选择不同款式的鞋与包。

化妆：要突出眼影，强调嘴唇轮廓，不必去追随平凡妆面。

发型：直发、烫发、大波浪或大方的流行发型。

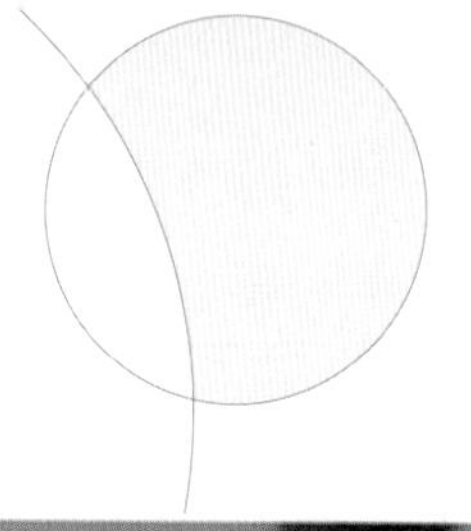

7. 少女型风格

聪慧、清纯、娇巧，一派的天真烂漫！

少女型特征：身材小巧，脸庞圆润可爱，五官甜美稚气，量感小、曲线型、小巧、未成熟感、有女人味，也有娃娃脸的，骨骼感不突出，有种梦幻感。

着装要领：曲线剪裁的服装最适合少女型女士穿着。纤细可爱的花朵、小圆点、小动物的图案很吻合少女型的外表。柔和、浅淡、温馨的颜色能很好地表现少女型的清纯与可爱。

饰品：可爱、小巧的蝴蝶结或花朵类，如一串透明玻璃珠子的项链和一对小动物的耳环。

鞋包帽：圆头的带有可爱装饰的皮鞋，中跟浅口鞋，有可爱蝴蝶结装饰的皮包，有蝴蝶结可爱图案的小圆帽。

化妆：用色柔和、强调睫毛和嘴唇是少女型化妆的重点。

发型：直发、小毛卷、辫发、马尾发。

8. 少年型风格

帅气、灵动、干练，一派的朝气蓬勃！

少年型特征：身材、面部轮廓直线感强，中性、率直、活泼、干练、与众不同，五官呈锋利感。有着一张线条分明、帅气的脸，脸上有灵动、力度的一面。简洁、明快、有力度是少年型的最好表现。

着装要领：直线裁剪的服装是突出少年型女士帅气而干练形象的最好选择。套装应选择立领多扣式、裤装配短上衣或T恤，把衬衣束在裤子里，系皮带是少年型女士惯有的打扮。牛仔布等硬挺面料是少年型服装面料的最佳选择。非常适合穿能体现活泼、好动、时尚风格的中性化服装。

饰品：别致的几何型耳环，带有现代气息、中性化造型的时尚饰品。

鞋包：中性中跟的方口皮鞋，单带长挎包是她出入职场的形象。

化妆：不要过分用色，眼影与眼线稍作强调就可以了。

发型：最适合用超短发、直发体现帅的味道。

CHAPTER 2

来跟服饰谈场恋爱

如果美丽只是作为一种展示，
意义并不那么大。
如果美丽转化成一种能力，
去帮助更多的人，
甚至让自己的生活变得更好，
那它就是很有价值，很有意义的事情了！
美是一种态度！
生活过的也是一种态度！

一、你的着装告诉人们什么

中国是一个具有鲜明文化特征的民族，上下五千年浩瀚历史沉淀出深厚的色彩文化，在史书中大量记载了黄帝或嫘祖养蚕造丝制衣，我们看到一统华夏的黄帝因“衣”而“治天下”，也看到《周礼》中夏、商、周三朝统治者如何用等级森严的服饰制度“垂衣裳而天下治”。

服装是会说话的？当然不是，但你穿的衣服，会暴露出你的个性！每个人对衣服的选择都有自己的偏好和风格，为什么你对衣服有执著的偏好？为什么衣服也会影响心情，或者心情能影响你对衣服的选择？

要知道，我们的自我认识、我们与他人的关系、我们的欲望，还有我们丰富的情绪——愤怒、羞耻、欢乐、忧伤……都会把我们和我们的衣服联系在一起。

精神病学家 Catherine Joubert 和 Sarah Stern 在意大利托斯卡纳的一次痛快购物之后，写出了《脱去我衣》一书。在书中，她对人们的着装行为进行了精神分析，并解释了以下几个问题。

1. 我们所穿的衣服会染上自身浓重的情绪色彩

衣服位于个人世界和社会世界的交界处。它是我们身体的一部分，因为我们选择和穿戴了它，但它同时也属于外部世界。这个处于外部和自身之间的交界位置，使得我们和衣服的关系非常丰富和复杂，所以，着装会向自己和他人发送信息。

2. 衣服会影响我们的情绪

例如今天你出门玩耍，必定要穿得美美的才好，否则或多或少会影响你的心情。很多人心情不好时会想换一身打扮、换一种心情，这种做法是基于这样一种认识——情绪会渗透到衣服里，似乎外部世界和内心世界之间会相互渗透。但另外一种解释是，人们往往倾向于把衣服看成自己经历的代言人，购买衣服成为在自己身上消化他人形象的一种方式。这并不一定是负面的，因为个体在自我建构过程中，需要从他人的形象中选取一些元素，然后据为己有。

二、你了解服装吗

读懂服装，知道这个服装表现的意思，才能够轻松地驾驭这个服装，配合这套服装的语言，来演绎和它一样的肢体动作和状态。

首先我们要了解自己，了解自己是什么样的人，然后才能去挑什么样的衣服，但是你会发现人永远是很难了解自己的，而且当你了解了自己之后，你带着这种目的性去挑选服装，你会发现特别难挑选。为什么呢？因为服装设计师并不认识你，他并不知道世界上还有你这么一个人，想要一件属于你的独一无二的服装，所以，你心里想要的完美的服装，根本就没有。那怎么办呢？我们可以去学习点搭配，通过挑选，然后把它们精心地组合、搭配起来，以便让它们来适合自己，这是大多数人通常的一种穿衣方法，即跟服装的链接，但是我分享的远不止这些服装的表达，我要分享的是穿驾驭和穿超越。就是说你根本不需要了解现在的你自己，你只需要知道自己想要什么，想成为什么样的人，然后你再需要了解什么样的衣服是那种人所穿的，最后找到那样的衣服。当然你现在还不是你想要成为的那种人，你还穿不了，不敢穿，但是通过改变状态，你就变成了你想要的那个人，直接超越现在的你，穿超越就是你穿什么衣服就变成什么样的人，穿超越和服装产生链接。

色搭规律1——三色原则

在穿衣服的大规律里面，有一个所有女人都知道的规律，叫作三色原则，它的核心在于穿出色彩的比例，穿出色彩搭配的层次感，也就是说在这三个色里面，有基础色、辅助色和点缀色，这三个色必须要有关系的处理，而不是三个色面积都一样，或者说只要有三个色就行了，而是说这三个色的色彩面积的使用越接近于这个比例，你的搭配才会越和谐，基础色70%，辅助色25%，点缀色5%。

看一下第一个案例，内搭占70%，外套占25%，手里的包包和

墨镜占5%，黑色点缀一下，越是接近于这个比例，视觉越和谐。我们说红配绿，讨人厌，很丑很土，为什么呢？因为你穿个绿裤子红棉袄，如果它的比例是5：5的话，就会很土，但如果是四六和三七的比例就会很漂亮，红花配绿叶是大自然最美的搭配。所有的色彩都能搭配，只是搭配出来的感觉不同。色彩面积比例不同，表达的意思、情感也不同。

• ALICE MCCALL

我们来看一下第二个案例，同样黑色70%，白色25%，红色的包包5%的一个点缀，越接近于比例和规律，越会感到视觉和谐。

• OSCAR DE LA RENTA

其实学搭配你需要学的是什么呢？是规律，一条核心规律掌握了之后，就会非常地容易操作。这个三色的原则，最关键的点在于色彩面积的比例，大家去琢磨一下，在生活中去落地，越接近规律，越有美感、越漂亮、越和谐。

色搭规律2——统一法则

色搭规律的第二个非常重要的法则叫作统一法则，也就是深浅统一、艳浊统一、冷暖统一。衣服深深浅浅要统一，很深的不要

和很浅的配在一起；很艳的不要跟很浊的颜色配在一起；然后冷暖，最好是冷的配冷的，暖的配暖的。除此之外，色调也要统一。色调统一是所有的颜色都在一个调调里，艳的和浊的混在一起，不在一个调调里，那它就不和谐了。

款搭法则1——混搭法则

经常听到有人指着自己的一身行头说我今天混搭。真正的混搭是什么呢？我们说，英国的贵族永远都不会混搭着穿，他们只穿传统、只穿雅致、穿高贵。混搭，在平民中比较常见，讲的是个性时髦和前卫，是和一般的搭配不一样的搭配。所以在生活中，上衣、裤子、鞋子、包乱搭的那种不叫混搭。

混搭的核心是，你要时髦，你要与众不同。我们看一下王菲是一个前卫型人，随便怎么搭穿在她身上都有那个范儿，王菲可以穿旗袍下面配靴子，但是赵雅芝就不可以，所以，有些人适合这么穿，而有些人不适合。

款搭法则2——焦点法则

焦点是为了吸引别人的眼球，成为一个焦点，那么我们说人的身体胸部以上为上区，胸部到肚脐的位置为中区，肚脐以下是下区。打扮的重点只有一个，要么在上区，要么在中区，要么在下区，看自己的哪一个区长得最美，最值得打扮，那么就重点儿打扮那一个地方，而不是从上到下像圣诞树一样强调每一个部位。都装扮得差不多你就没有焦点了，别人不知道看哪儿。尤其是东方女性，个子不高的情况下，建议大家的焦点都放到上区，也就是发型妆容和你的胸部以上的地方。

三、先跟服装对话，再与饰品对话

造型规律里面，我们说服饰搭配讲究的是服装和饰品的搭配，饰品是用来干什么的呢？饰品是来点缀的，用来管住别人眼球的，让你只看我想让你看的地方。其实单件的衣服并没有风格，只有整体造型出来以后才有风格，尤其是基本款的衣服，简简单单没有风格，你想呈现一个什么风格全看饰品是怎么搭配，还有一个很重要的规律，即点数法则。

1. 丝巾

风衣和丝巾是非常经典的搭配，搭配简约的拼接色丝巾非常大气，而搭配鲜艳的印花丝巾更活泼；西装外套和丝巾的搭配，也是端庄又讲究，超级耐看；穿长裙的时候，也可以把丝巾和腰带结合，超级有型，颜色尽量选择和裙身有明显差异的。

美丽的丝巾围几圈打一个小结或是简单地在胸前打一个结，都会为你增色不少。

当我戴上丝巾的时候，我从来没有那样深切地感受到，我是一个女人，而且是一个美丽的女人。

——奥黛丽·赫本

2. 鞋包

女性值得投资的还有手袋、鞋子。这只手袋无需是动辄几万甚至几十万的奢侈品，但它需要设计经典，做工精良，符合你的职业与身份。鞋子建议每个职场女性都有一双细跟尖头高跟鞋，其中裸色最经典百搭。

回归日常，纯色包包同样可以满足你的需求。黑色、咖色都是很不错的选择，它也是有彩色的服装平日里喜爱的百搭单品之一。当然，有彩色的包包同样可以搭配无彩色的衣服来起到整体搭配的画龙点睛的效果。

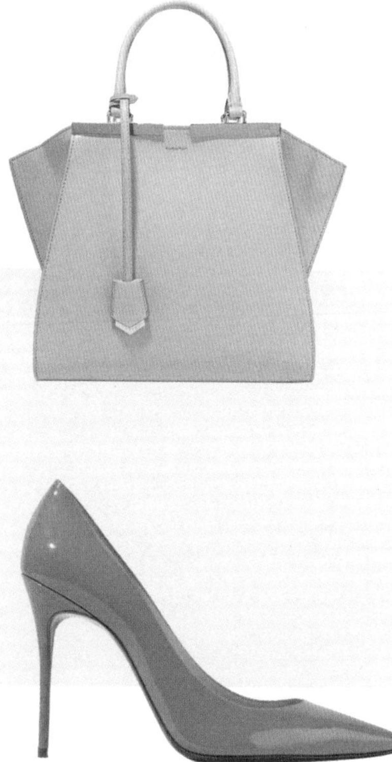

简约又不失优雅风格的单肩包搭配连衣裙、衬衫，都是迷人的美式优雅的风情。在此基础上，加上一些品牌少有的铆钉装饰，甜美少女也能变得酷酷的。由大到小、单色变拼色，甚至还有升级版造型手拿包，这些精致的包包可是占据了你所有视线，无论是周末的小聚会还是这样那样的Party，这样的手包都拥有装饰性很高的辨识度，精致婉约。

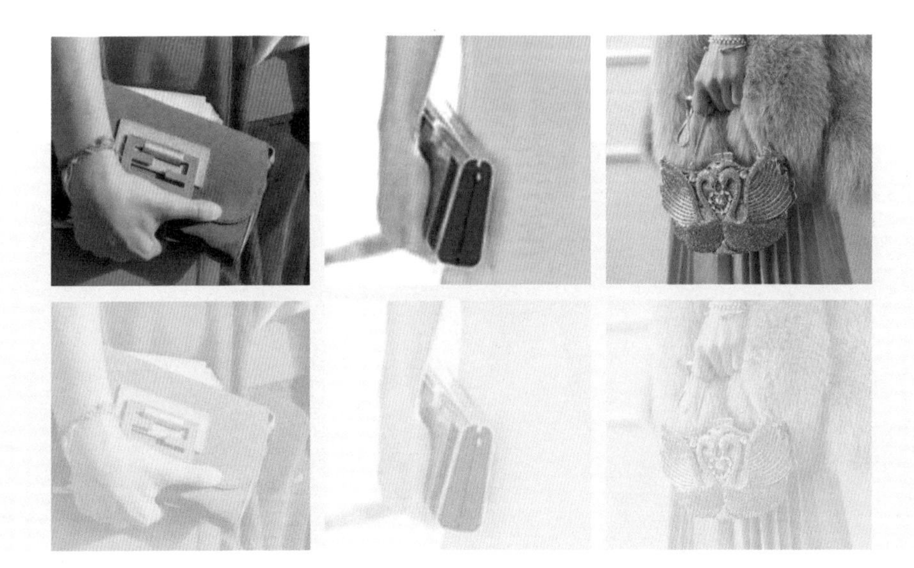

3. 其他配饰

· 帽饰

帽子不仅仅是装饰，更是西方很多重要社交场合必备的礼仪元素，同时也是身份的象征。在英国皇室及上流社会中，这种“帽子”传统尤为根深蒂固。而无疑，这一元素早已成为女人们争奇斗艳的时尚利器。

· 珠宝首饰

无论是奢华的钻石，还是典雅高贵的珍珠，都是配饰的首选，也适合于各种社交场合。

CHAPTER 3

不同场合的穿衣心经

人生就是一个剧本，
演员是你，
编剧是你，
导演还是你，
你想怎样过你的一生，
全由自己来决定。
穿衣服就是穿角色

一、职场里的形象投资

职场上，着装重要吗？

当你在一个相对不那么熟悉的环境中，你的穿着就代表着你的影响力。身处商界或职场，形象是与外界沟通所传达的第一信息。时刻保持从容利落与得体优雅的职业形象，对你来说尤其重要。得体的着装不仅能够降低对方对你的认知成本，树立你良好的形象，更是能够潜移默化地影响着你的表现。职场不是一个体现个人主义的地方，一定要避免出现大面积的花纹，或是花红柳绿这样的尖锐色，去除多余的元素、颜色、样式和纹理，让每一件衣服都成为整体的一部分，才能够塑造最简洁的搭配。

那么在职场上如何树立自己的标识度呢？让我们一起从电视剧里找寻一些穿衣规律。《穿Prada的恶魔》中，梅丽尔·斯特里普在职场中大多是高级套装，但是同时她会点缀恰到好处的首饰，设计简单又不失气场。有时候职场中的时尚不仅仅是对外在的追求，它能点燃我们对美的事物的向往，让你即便在面对逆境时仍能保持自信。每个对自

己有要求的职场女性，在职场中的光鲜不过源于对自我的要求。所以，只要你愿意多花一点心思，你也可以彻底改变，更时髦或者更像自己。

《欢乐颂》里面的安迪可以说是女性职场穿衣的风向标了。从穿衣到事业，从智商到为人，安迪近乎完美的人生让多少女人想变成她。安迪的人生也许无法照搬，但在这里给你总结提炼出安迪充满洞察力的思考方式、坚持中透着进取的生活习惯，以及在保持鲜明统一、适合自己穿衣风格的同时通过细节体现潮流的时尚态度，帮你做个更出色的职场女性。

安迪的风格虽然一眼看上去有“款式很雷同，来去黑白灰”的印象，但着装的细节中体现了不少潮流乾坤，比如：中规中矩的白衬衫因领口的一颗黑色纽扣而变得韵味十足，这种高级是“纽扣开敞到胸前”所无法企及的。还有白衬衫，人人都有的单品如何穿得与众不同呢？搭配一条长条丝巾，领口一个别致的打结装饰都能让你散发出赫本般的优雅高贵。

1. 西装

很容易在穿西装白衬衫时候，给人以与年龄不匹配的感觉。所以挑选一套合身的、并且版型时尚的西装尤为重要。花点小心思，稍微改变一下，西装很容易穿出时尚的效果，再比如松开几个扣子，气场全开。

2. 经典的铅笔裙

铅笔裙恐怕是女生上班穿搭出场率最高的单品了。上面搭配衬衫，或是T恤都可以，外面套上西装或是针织开衫。铅笔裙看似死板，但是只要在颜色和配饰上多花功夫，也能穿出时尚感。

3. 衬衫

说到衬衫，这恐怕是职场中最实用、用到最多的单品，一个设计别致的衬衫能够给整体造型提高分数，比如图中的衬衫搭配牛仔裤，衬衫搭配各种半裙等。

二、社交场合的衣品表达

生活在这个社会，就离不开社交。社交场合怎么穿，特别是直接和客户打交道时的装扮，是要迅速建立你的身份标识，获得认可。而一个人外部形象如何，是非常容易和你的背景及工作能力挂钩的。有时候，很多客户只通过基本的衣着打扮，就已经判定了你在公司服务于哪一个级别。这不是势利，而是整个人类的惯性认知，“这个人气场强，他的衣服看起来好高级，那他的能力一定不差！”着装得体，真的会给你带来更多机会。在社交场合，穿衣服就是穿角色。

每当过年过节我们要和家人一起去亲戚家拜年的时候，或者说你先生的单位年底的表彰大会，要求带家属出场，或者说有需要携夫人登场的时候，这些时候我们怎么穿呢？

实际上在去一些隆重的场合、公众的场合，就穿简洁的衣服，简洁合身，通过面料来表达自己。当你是夫人的时候，穿简洁隆重的服装，会让你的先生觉得非常有面子和得体，你自己也会更加受到别人的尊重。

其实社交场合也分两种：一种严肃，一种时尚。严肃社交指的是规矩严谨的场景，西装和衬衫的搭配，是有要求的。时尚社交我们可以穿得时尚一点。从严肃到时尚，是一个逐渐地往轻松过渡，颜色也逐渐地从中性色往有彩色去过渡，这个需要我们在穿着中去好好地斟酌和把握。

三、Party的传情达意

（1）派对、周末聚会

在大部分的日常时光，你习惯于做低调时髦的优雅女士，用极简中的小心思表达自己就已足够。而出席派对，是属于自己的高光时刻，每当这样的场合，释放自己最美的一面，也是生活最迷人的点缀。

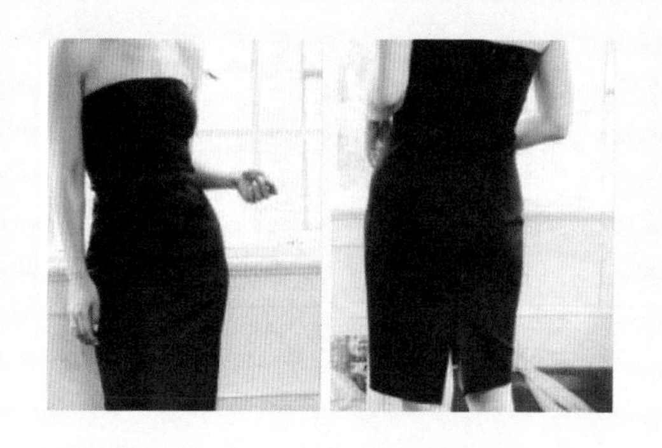

礼服推荐：

黑色纱褶抹胸裙：极简的自在时髦；浪漫层叠，若隐若现，优雅浪漫，随心变化，都是一场不一样的烟火。

绑带露背长裙：精致条带交织出风情万种的小情调。曳地的长裙，裙摆舞动，最是轻柔曼妙。交叉绑带，性感露背，都是属于派对女神的性感气场。

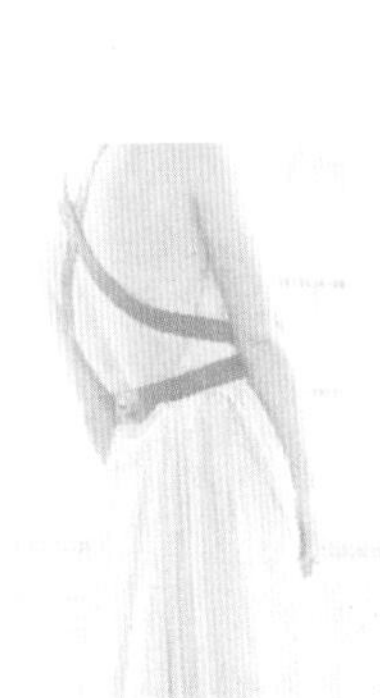

（2）生日宴会、结婚宴会

参加生日宴的一般是最亲密的朋友，应该也是舒服的状态，既要有节日的仪式感，同时又不能抢了主人的风头。同样是宴会，婚礼上更需要注重装扮的正式隆重和喜庆。

生日派对的轻松与时尚

婚礼的喜庆与仪式感

（3）读书会、旗袍会、茶话会

旗袍，已然成为中国的国粹，就像张爱玲笔下的那些女子，不同性格，不同出身，甚至每个女子不同阶段，她都会为她们挑选不一样的旗袍。如何跟随时代，既有传统的精髓，又有时代的精神，还要结合个人的风格特征和场合来选择不一样的中国风。

（4）舞会、年会

舞会与年会是最争相斗艳的时候，但是现在不太流行太闪太浮夸的礼服了。挑选礼服的时候着重看身材，当然不太满意的地方要遮掩好。如果是国企或是事业单位，不要选择过于性感或是露胸的礼服。一切以简约为美，适当做做减法在别人心里更加分。

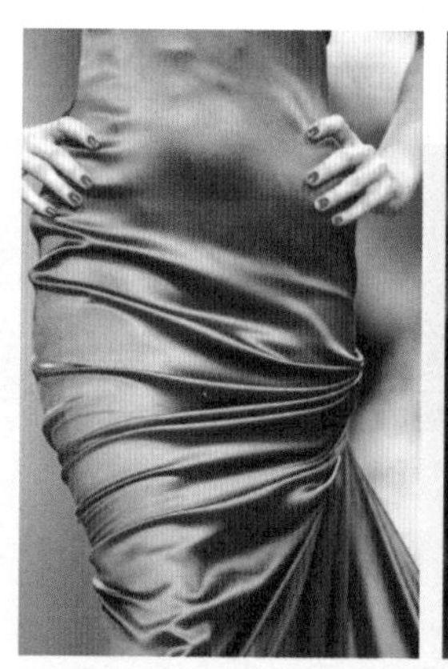

年会礼服
rden Of Eden

四、休闲装的法则

休闲装，是人们在无拘无束、自由自在的休闲生活中穿着的服装，日常穿着的便装、运动装、家居装，或把正装稍作改进的休闲风格的时装，都可以称为休闲装。休闲装穿着的场合是最多的，与我们关系最密切。

周末你带着孩子回家去看望你的父母，你会怎么穿呢？和闺蜜一起吃饭喝茶怎么穿呢？一起去逛街怎么穿呢？关键是你要知道自己的角色，要知道在哪个场景里面。

如果你知道了这个核心的话，你就找一部当下流行的偶像剧，找一个你喜欢的女主角，照着她的风格搭配去学，一切皆能创造。

说到休闲装，风衣、白衬衫是必备单品。

针织开衫与斗篷式的披肩是休闲中时尚的选择。

为什么白衬衫出镜率如此高，从明星到博主都爱它？就是因为它像一张白纸，拥有更多的可能性。它可以是宽松性感的，让你看起来娇俏动人，充满女人味；也可以是自然随性的，不加修饰营造出不同的美。

卫衣也是休闲场合中最热门的单品。

CHAPTER 4

来做穿衣的艺术家

穿衣只是表象，
你穿的其实是你的本质。
服装的功能在于
帮助你在进行交流时无声地表达自我。
衣着表明了我们的人生态度。

一、对自己的穿衣来一场变革

从土气到精致需要一个过程，这里面对应的恰巧是装扮的革命。穿衣只是表象，你穿的其实是你的本质。服装的功能在于帮助你进行交流时无声地表达自我。衣着表明了我们的人生态度。穿着随便是其次，被人看轻才是致命的。所以穿衣要不要变革呢？如何变革？在生活和工作中该如何让别人通过外在去读你呢？这就涉及下面要分享的穿衣变革读词印象。

在生活中，我们经常听说什么风格，你是什么风格，她是什么风格，大家急于给自己找一个风格的定位。事实上，风格是大家在学习形象管理的时候，为了便于表达而去做的一个表述，但是在实际生活中，尽量不要给自己扣上风格的帽子，而是更多地用到读词。你不需要说自己是什么风格，你只要搞清楚自己身上有哪些读词，自己需要穿到哪些读词就可以了。实际上，有四大类的读词可以满足我们所有的场合需求。

第一种衣服是简洁之美。简简单单就可以很美，这一类的衣服：精致、简洁、优雅、严谨、高级感，非常经典。这一类的衣服，一百年都不会变，这一类的衣服通常出现在优雅风格上。简简单单就可以很美，不需要太多的设计感，不需要有图案，等等。简单的衣服有一个特点就是面料特别好。如果一件衣服非常简单，面料如果再普通的话，那就显得很廉价，所以你穿简单的衣服是用面料来说话的。很多人只关注颜色和款式，不太注重面料。其实提升档次和品位是从服装的四个元素着手的，不是只有两个元素。所以，简单的衣服突出的是精良、精致、合体。合体的裁剪指的是严谨、内敛，整体呈现上品和高级感，这样的衣服就叫作经典的衣服。一般我们在隆重场合，或者说公众场合尽量穿简洁的衣服。因为在人多的地方，尤其是在公众场合，大部分的人都不认识，如果你穿得太夸张、太怪的话，会显得格格不入，所以大部分人都会屏蔽你。如果你表现得太个性或者太与众不同也是不太好的。

如果衣服是严谨的、精良的、简洁的，那么饰品当然也是一样，所以戴小量感的钻戒、简简单单的手表、简简单单的包包。即：服装简洁，配饰简洁，发型简洁。

第二种衣服是夸张之美。夸张顾名思义就是夸大、与众不同、醒目又吸引别人的眼球，时尚张扬，非常的磅礴大气，在人群中一眼就能看到你，“我必须成为焦点”的那种感觉。夸张的衣服，一切以吸引人的眼球为主。

其实想吸引人的眼球是非常容易的，选用的着装读词就是穿简洁的衣服，配上夸张的饰品，所以这些造型奇特的饰品，你是需要有一些的，总有一个场合你需要吸引别人的眼球，不要给自己框死。

如果你的穿衣是为了让别人来看、来点评的话，你很难满足所有人的要求和标准。所以，穿自己的衣服，让别人去说吧。这一点很关键。

第三种衣服是自然之美。自然的衣服就是朴素自然，宽松洒脱，自由放松，没有约束，是我们最稀松平常的衣服，也是大家在生活中经常穿的衣服。这一类的衣服相信大家会有很多，大部分的人都穿这一类的衣服，因为舒服。

自然的衣服，有一个共同的特点就是面料很自然，这也是老百姓和大众都能接受的一种面料。黑白灰、深深浅浅的天空蓝、深深浅浅的植物绿、深深浅浅的泥土的颜色，另外就是有自然的颜色——中性色，这些就是自然的颜色，也是跟自然面料最融合的颜色。但自然的东西就很难高大上了，所以在搭配上还是有一些法则：穿自然的衣服，最配的当然是自然的首饰，比如用大自然的色彩，大自然的材质——贝壳、木质的、天然材质水晶、绳子，等等，这些做成的饰品跟自然风格的衣服是最搭的，这些都是在造型里

面最基础的，你穿着朴素自然的衣服，带着昂贵的珍珠耳环、钻石耳环，那是不相配的。

自然就是顺其自然，就像所有的植物、所有的动物一样，就这么自然地生长，就这么慢慢地活着，享受着。只有内心简简单单、朴素自然的人，才能够把土布粗麻穿出艺术品的感觉。

第四种衣服是女性之美。你一定要有女性之美的衣服，就是那些看起来妖娆的、华贵的、有女人味儿的、风情的、精美的。看起来比较漂亮、迷人的衣服，大多是在两性相处的时候穿。和异性在一起的时

候，尤其是在和你爱的人在一起的时候，告诉他：“我爱你，我也很值得你爱，我是一个美丽的女人。”

女性之美的衣服首先是复杂。女性偏曲偏柔，男性则偏直偏刚。所以衣服上花花朵朵、大红大紫、蕾丝的、镂空的、金丝银线、飘薄纱透，等等，这是女性之美的衣服。女人，即便是在职场上，也要温婉一点，不要穿那么刚、那么直的西装，要通过服装款式的变化，加一点褶皱或者加一点小的镶边等来表达女人味儿。虽然职场上要求束发，在头发束起来的时候，依然是要做一个发型，使能够看得出女人味儿。

穿衣是一门科学。把这四大类的服装读词印象记下来，你穿衣服的时候就想着你要去哪里？去什么场合？那个场合是适合简洁之美还是夸张之美？是自然之美还是女性之美？你想要什么？然后你就穿哪一个读词，再找到你的衣服，站在镜子前面去读一读，看看是否恰当。

二、服装的自由表达

你的穿衣境界在哪里?

只见着装不见人(哇,你衣服真好看)

不见着装只见人(哇,你人真好看)

不见着装不见人(哇,高大上求交往)

1. 赞美的境界

我们都会经常赞美一个人的形象，我们通常会说："哇，你的衣服真好看！你的衣服哪买的？"这个时候被你赞美的对象，她只在一个比较低的境界，叫作只见着装不见人，其实这种状况是很悲哀的，也就是说你只不过是花了钱买了一件好看的衣服而已，衣服好看是设计师的功劳，跟你没有一点关系。甚至很悲哀的是服装成了你的主人，服装把你的风头给盖掉了，所以别人只看见了你的衣服，没有看见你。比这个好一点的状态是什么呢？是我们看见一个人说："哇！你真好看！"这个时候叫不见着装只见人，服装很好地衬托了你这个人，你才是服装的主人，服装只是来衬托你而已，所以当别人看到你说"你真好看"的时候，那真的是太好了。第三种情况，不见着装不见人，比如说我们见到一个光芒四射的美女时，一定不会很老套地说："哇！你真漂亮。"这个话想说，我们也只是在心里说一下，因为全世界的人都能看到她很漂亮。我们会在心里揣摩她有一个怎么样的男朋友呢？她有一个什么样的朋友圈呢？她有什么样的工作呢？我能跟她交个朋友吗？跟这么美好的人在一起，一定是非常舒服的，我真想跟她交个朋友……如果是男士看到的话，一定会想：哇！这么迷人的女人，我能跟她共进午餐吗？我能请她喝杯咖啡吗？所以，在美的境界，一种是只见着装不见人，第二种是不见着装只见人，第三种不见着装不见人。

2. 和谐的境界

和谐是关系的处理，唯有处理好关系才能够和谐。第一种和谐是服装与服装的和谐，上衣和下衣搭配在一起是不是和谐呢？第二种和谐是人与服装的和谐，她有一个怎样的性格和职业，这样的一个人应该穿什么样的款式、面料、色彩、图案才会更和谐，让人感觉更舒服。第三种和谐是人与社会，人与周边环境的和谐。

例如，著名服装设计师——Vivienne Tam在2004年设计的春夏系列。运用雪纺、丝绸等面料，把中国水墨画的元素巧妙地融入现代西方的性感之中，既传统又现代，既充满活力又是那样宁静，实现了最完美的和谐。

3. 时髦的境界

所有的女人不可能听一堂课、看一本书就可以从土气马上变成时尚达人，每一个女人都是毛坯，都有一个过程，这个过程是怎样的呢？第一个是土气，比如说，你不太会搭配，也不太会穿，你就穿成普通人，扎着一个马尾辫，穿着简简单单的休闲衣服。那么你的时尚蜕变下一步是什么呢？是洋气。发型很洋气，鞋子很洋气，或者说包包很洋气……洋气是一个元素，当你身上有两到三个或者三到四个洋气元素的时候，你就会在别人的眼里逐渐变得时髦。那什么叫品位？品位生活一定是和一般生活不一样的生活，品位的着装一定是跟一般普通的着装不一样的着装，有品位的发型肯定是跟马尾不同的，所以当你有三四个洋气的、有品位的、不一样的局部拼在一起，你就是时髦，就是有品位的。

4. 我的境界

我的境界有三种，第一种我是自我，一个自我的人，“自以为是”的人，通常在穿衣选择的时候会以“我”的主观为中心。比如说：我认为什么衣服好看，我觉得这个衣服不好看，我的感觉是……“我”字太多的人，是一个自我的人，通常你不要企图跟一个自我的人去讲道理，因为跟他们根本讲不通，也不会听人的说法，自我的人通常生活在自己的境界里面，以自己的审美眼光去评判对外的世界和企图掌控跟她不一样的世界。

第二个我是本我。本我的人在社会上要活得更好一些，因为我们人本能地知道该做什么，不该做什么。你的头发在哪做的？这叫个什么发型啊？今年流行什么颜色？这个红又是什么红啊？跟着学，

照着做，慢慢地你也会美起来。本能地从学习开始，就好像小孩子生下来以后学走路、学说话，跌倒了又爬起来，然后是一样地学习，永无止境。

第三个叫做真我。真我的风采，真我的本色，跟自己在一起，不向外求，向内求。凡事多问问自己，拥有自己的判断力和决策力。那个比我强的人她是掌握了哪种技能，那个比我美、比我会穿的人，又是掌握了哪种技能，她去哪里学的？我也要去学，而且我还要比她学得更好，我要不断地去提升自己，超越更好的自己。

5. 穿衣境界

第一种是穿喜好。我喜欢什么，我不喜欢什么，我讨厌什么，我从来都不穿什么，我从来都不碰这个颜色，我只喜欢什么，这个叫穿喜好。

第二种是穿适合。像我这种人的皮肤，这种身材穿什么会适合我呢，于是去找个服装管理师，让她来告诉我，给我做一个色彩诊断、色彩分析等。

第三种是穿弥补。凡是你讨厌的、抗拒的都是你生命中缺失的。彩虹七色对每个人都很公平，没有哪个颜色是难看的，再难看的颜色都有人喜欢。

所以研究喜好是一个比较低的境界。从弥补的角度上来说，凡是我没有穿过的我都要去体验一下、尝试一下、驾驭一下。比如说我喜欢穿黑色，怪不得我这么没有激情，那我就去穿个红色试一试。大家都说黄色代表财富和能量，那怪不得我总是存不住钱呢，那我去买件黄衣服穿一穿，等等。普通的人只能穿普通的衣服，因为那些美丽的衣服她们也觉得很好看，但是不敢穿，所以穿衣服比拼的是驾驭力而已。

最后一个台阶是穿超越。你想成为什么人，穿上什么衣服就可以了。为什么所有的演员，穿上那些衣服就可以去演那个角色呢，因为所有的演员都有跟服装链接的功能，他们都有瞬间从服装里面转化自己内心能量的一种能力。

总的来说，没有美丑、对错，只有你喜不喜欢，适不适合，感觉好不好？不要老是去评判自己穿的衣服美还是丑，不要老是评判自己是美还是丑，因为每件衣服都是独一无二的，它在寻找它的主人，每一个人都是独一无二的。穿衣服没有对错，只有适不适合的场合，所有的衣服都有它该去到的场合，只是说你把它穿到不适合的场合去了，没有说你这么穿就有多么错。最后提醒你的是：你本来就很美，这一句非常非常的重要。世界上，没有两片一模一样的叶子，也没有两个一模一样的人，所以所有人的存在都有它的必要性，所以你长得就是最适合你的样子，你就应该长成这个样子，而不是长成别人的样子。所以，先接受自己，认可自己，一个不接受不认可自己的人，永远也没有办法穿出美丽。改造一下，感觉也挺好，这个时候你的美在顺流里面。如果说你一定觉得我这里不美，那里也不美，这里不好，那里也不够好，千方百计地挑剔自己，然后喊着口号说：我要改变，我一定要改变，我要成为什么什么样子？这个时候，即使你变美了，那也是很辛苦的。这个时候你的美就去到了逆流里面，一个是接受自己，尝试另外的体验；一个是不接受自己，努力地去改造和对抗现在的自己。

三、让色彩来疗愈你的心

颜色是光的孩子，如果没有光，这个世界就是漆黑一片。我们的生活充满色彩斑斓的颜色，都是通过光给予这个世界能量。

那么情绪跟色彩有什么关系呢？举几个例子你就明白啦。比如说一个不会说话的小孩子脸憋得通红，所以紧张的颜色是红色。后悔是青色的，不开心是灰色的，爱情是粉色的。所以呢，色彩就是情绪，你穿的不是颜色，而是情绪。

1. 红色（力量之门）

红色是生命最初的颜色，红色是血液和火的颜色，在很多的文化里面血液就等同于灵魂。所以红色是一个和能量有关的颜色，红色是生命本能的颜色，也是一切激情的颜色。

红色自古以来是男人用的颜色，是阳刚、热情、积极乐观、勇敢的颜色。红色释放着融化一切的爆发力；很多时候经常接触红色的女人就会有着像男人一般的性格。社交活动，户外拓展，庆典宣传中多穿红色服饰有利于增加公众形象。红色在身体的脉轮中，对应的是海底轮，也就是我们生殖器的位置（卵巢/睾丸），代表着性与生育。红色又是让人兴奋与性感的颜色，所以红色可以出现在party的场合，也可以是约会的颜色。但在商务谈判中，应该避免红色，因为它具有挑衅与不妥协的气息。

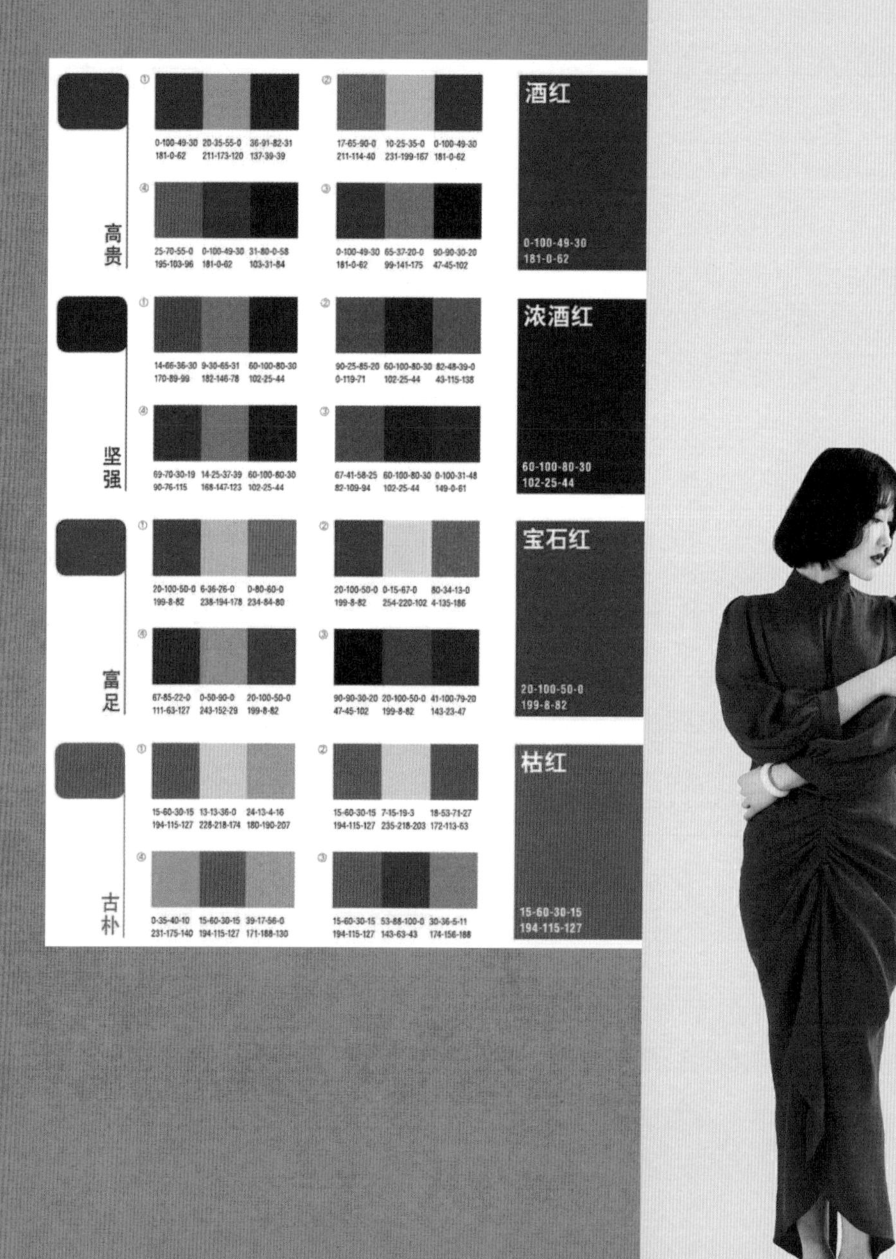
高贵
①
0-100-49-30 20-35-55-0 36-91-82-31
181-0-62 211-173-120 137-39-39
②
17-65-90-0 10-25-35-0 0-100-49-30
211-114-40 231-199-167 181-0-62
④
25-70-55-0 0-100-49-30 31-80-0-58
195-103-96 181-0-62 103-31-84
③
0-100-49-30 65-37-20-0 90-90-30-20
181-0-62 99-141-175 47-45-102
酒红
0-100-49-30
181-0-62
坚强
①
14-66-36-30 9-30-65-31 60-100-80-30
170-89-99 182-146-78 102-25-44
②
90-25-85-20 60-100-80-30 82-48-39-0
0-119-71 102-25-44 43-115-138
④
69-70-30-19 14-25-37-39 60-100-80-30
90-76-115 168-147-123 102-25-44
③
67-41-58-25 60-100-80-30 0-100-31-48
82-109-94 102-25-44 149-0-61
浓酒红
60-100-80-30
102-25-44
富足
①
20-100-50-0 6-36-26-0 0-80-60-0
199-8-82 238-194-178 234-84-80
②
20-100-50-0 0-15-67-0 80-34-13-0
199-8-82 254-220-102 4-135-186
④
67-85-22-0 0-50-90-0 20-100-50-0
111-63-127 243-152-29 199-8-82
③
90-90-30-20 20-100-50-0 41-100-79-20
47-45-102 199-8-82 143-23-47
宝石红
20-100-50-0
199-8-82
古朴
①
15-60-30-15 13-13-36-0 24-13-4-16
194-115-127 228-218-174 180-190-207
②
15-60-30-15 7-15-19-3 18-53-71-27
194-115-127 235-218-203 172-113-63
④
0-35-40-10 15-60-30-15 39-17-56-0
231-175-140 194-115-127 171-188-130
③
15-60-30-15 53-88-100-0 30-36-5-11
194-115-127 143-63-43 174-156-188
枯红
15-60-30-15
194-115-127

2. 橙色（情缘之门）

橙色跟红色在一起，能够让人觉得喜悦和财富。橙色，也是光和热的颜色，它的组合让人觉得很舒适，橙色是能量的第二个颜色，代表了兴奋和欲望。橙色对应的是我们的肚脐脐轮这个位置，橙色不似红色那么有控制欲，却无论出现在哪个角落，都给人带来温暖的能量，家的感觉。然而在生活中，很少有人会喜欢橙色，那是因为橙色常常会带给人廉价感。橙色是情缘之门，它代表着情感与人际关系，尤其是跟母亲的关系。在生活中，橙色能够让人产生想交流的欲望，如果运用得好的话，还可以提高我们的社交能力。拒绝橙色的人常常在关系方面力量比较薄弱。在生活中，第一次约会、第一次谈判、第一次面试，为了制造轻松的气氛和美好的印象，不妨把橙色作为点缀色用起来。橙色的丝巾、橙色的细细腰带、橙色的背包和鞋子等传递着温和和亲切感。

我们经常说黄色是帝王的颜色，是权力的颜色，是完美和高贵的颜色，橙色在黄色和红色之间，所以它是完美又幸运的颜色。

橙色也来源于印度这个古老的国度。在印度，橙色是一个高贵的颜色，是贵族才穿的颜色，印度人特别的看重橙色，所以我们看印度的贵族，还有肚皮舞的舞者，穿的都是橙色的纱丽。

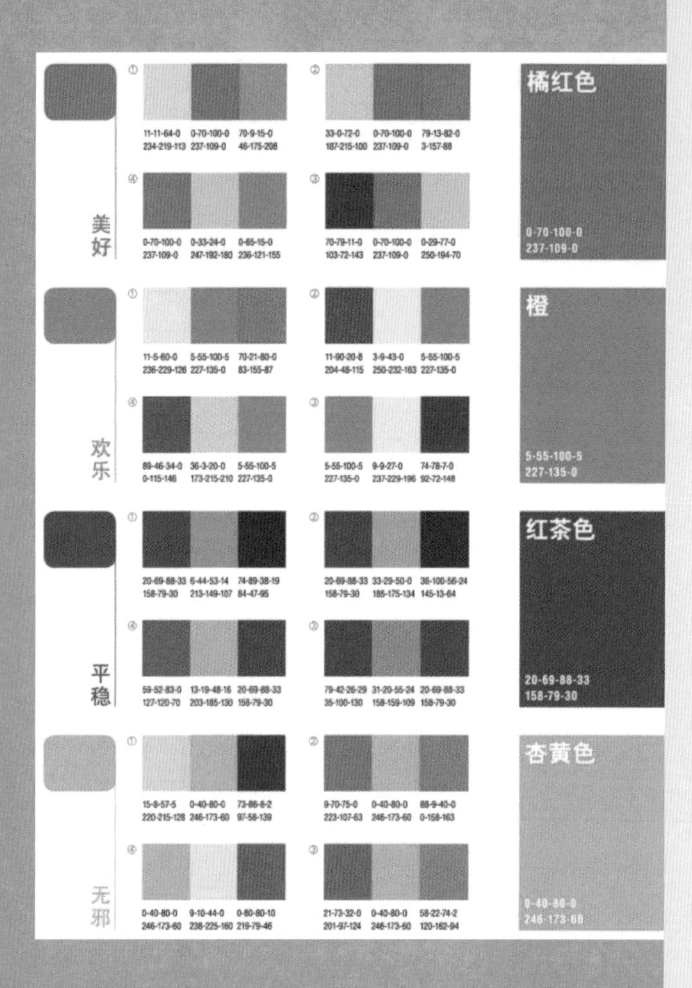
美好
①
11-11-64-0 234-219-113
0-70-100-0 237-109-0
70-9-15-0 46-175-208
②
33-0-72-0 187-215-100
0-70-100-0 237-109-0
79-13-82-0 3-157-88
④
0-70-100-0 237-109-0
0-33-24-0 247-192-180
0-65-15-0 236-121-155
③
70-79-11-0 103-72-143
0-70-100-0 237-109-0
0-29-77-0 250-194-70
橘红色
0-70-100-0
237-109-0
欢乐
①
11-5-60-0 236-229-126
5-55-100-5 227-135-0
70-21-80-0 83-155-87
②
11-90-20-8 204-48-115
3-9-43-0 250-232-163
5-55-100-5 227-135-0
④
89-46-34-0 0-115-146
36-3-20-0 173-215-210
5-55-100-5 227-135-0
③
5-55-100-5 227-135-0
9-9-27-0 237-229-196
74-78-7-0 92-72-148
橙
5-55-100-5
227-135-0
平稳
①
20-69-88-33 158-79-30
6-44-53-14 213-149-107
74-89-38-19 84-47-95
②
20-69-88-33 158-79-30
33-29-50-0 185-175-134
36-100-56-24 145-13-64
④
59-52-83-0 127-120-70
13-19-48-16 203-185-130
20-69-88-33 158-79-30
③
79-42-26-29 35-100-130
31-20-55-24 158-159-109
20-69-88-33 158-79-30
红茶色
20-69-88-33
158-79-30
无邪
①
15-8-57-5 220-215-128
0-40-80-0 246-173-60
73-86-8-2 97-58-139
②
9-70-75-0 223-107-63
0-40-80-0 246-173-60
88-9-40-0 0-158-163
④
0-40-80-0 246-173-60
9-10-44-0 238-225-160
0-80-80-10 219-79-46
③
21-73-32-0 201-97-124
0-40-80-0 246-173-60
58-22-74-2 120-162-94
杏黄色
0-40-80-0
246-173-60

Brighton Rock
Cancer Ward
GOODBYE TO BERLIN
Men at Arms
THE LOOM OF YOUTH

3. 黄色（财富之门）

黄色在生活中是一个特别矛盾的颜色，是太阳的颜色，醒目，引人注目。在生活中，黄色通常和红色、橙色来搭配，通常会给人喜悦的感觉。和蓝色、粉色搭配在一起，让人感觉非常友好。在色彩能量中，黄色是财富之门，在生活中，喜欢黄色的人是一个很有力量、很自信，充满活力的人。一个特别排斥黄颜色的人，通常对自己不够认同，同时通常不会和财富有很好的链接。但是服装大面积使用黄色，会给人压迫感，太过强势。职场中，最好使用它作为点缀色。

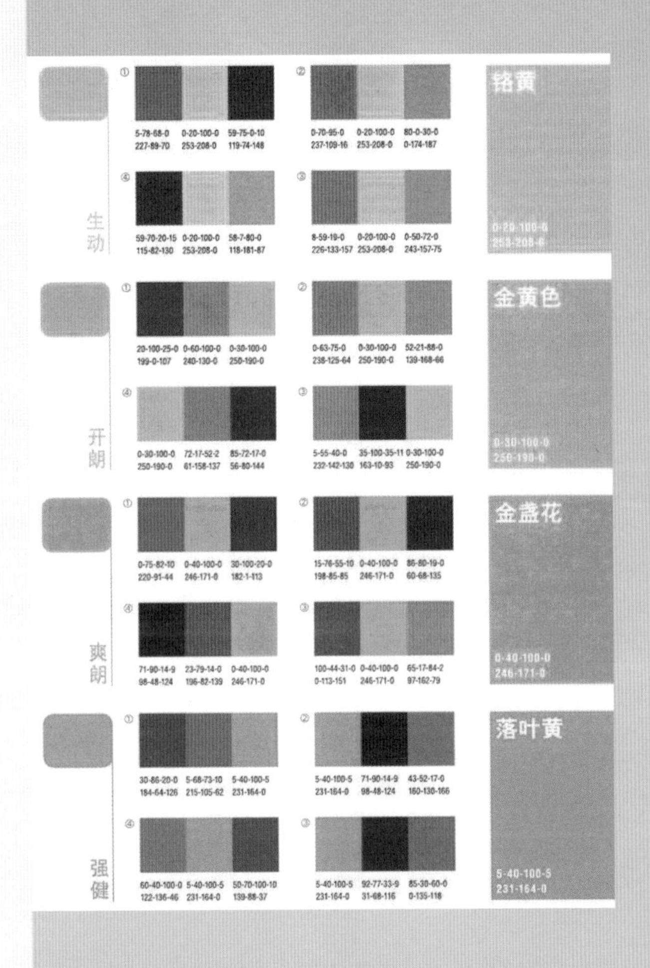

生动
①
5-78-68-0 227-89-70
0-20-100-0 253-208-0
59-75-0-10 119-74-148
②
0-70-95-0 237-109-16
0-20-100-0 253-208-0
80-0-30-0 0-174-187
④
59-70-20-15 115-82-130
0-20-100-0 253-208-0
58-7-80-0 118-181-87
③
8-59-19-0 226-133-157
0-20-100-0 253-208-0
0-50-72-0 243-157-75
铬黄
0-20-100-0
253-208-0
开朗
①
20-100-25-0 199-0-107
0-60-100-0 240-130-0
0-30-100-0 250-190-0
②
0-63-75-0 238-125-64
0-30-100-0 250-190-0
52-21-88-0 139-168-66
④
0-30-100-0 250-190-0
72-17-52-2 61-158-137
85-72-17-0 56-80-144
③
5-55-40-0 232-142-130
35-100-35-11 163-10-93
0-30-100-0 250-190-0
金黄色
0-30-100-0
250-190-0
爽朗
①
0-75-82-10 220-91-44
0-40-100-0 246-171-0
30-100-20-0 182-1-113
②
15-76-55-10 198-85-85
0-40-100-0 246-171-0
86-80-19-0 60-68-135
④
71-90-14-9 98-48-124
23-79-14-0 196-82-139
0-40-100-0 246-171-0
③
100-44-31-0 0-113-151
0-40-100-0 246-171-0
65-17-84-2 97-162-79
金盏花
0-40-100-0
246-171-0
强健
①
30-86-20-0 184-64-126
5-68-73-10 215-105-62
5-40-100-5 231-164-0
②
5-40-100-5 231-164-0
71-90-14-9 98-48-124
43-52-17-0 160-130-166
④
60-40-100-0 122-136-46
5-40-100-5 231-164-0
50-70-100-10 139-88-37
③
5-40-100-5 231-164-0
92-77-33-9 31-68-116
85-30-60-0 0-135-118
落叶黄
5-40-100-5
231-164-0

4. 绿色

绿色是生命的颜色，代表着安全，还代表青春和不成熟，或者说不成熟的青春吧。

绿色还代表着固执和退缩。绿色是毒药的颜色，因为所有有毒、变质的东西也都是跟绿色有关。所以这让我们明白一个道理：所有的东西都有对立的一面。

我们在节日的盛装里，从来都没有看见绿色。比如在一些高大上的晚宴、晚会上，你看到很多的女明星穿黑色、白色、红色、紫色等，而很少有人穿绿色。因为绿色有廉价感。

绿色具有镇静和调和的功效，所以做心理咨询的一般都会在室内摆上大面积的绿，也会喜欢穿绿色多一些。绿色是最好的疗愈色。它可以疗愈很多像在牢笼中无法与自然链接、或者说胸闷等身体上的问题。在心灵层面上绿色代表宽恕无私的爱，穿绿色就是穿爱，绿色是一个跟爱有关的颜色。

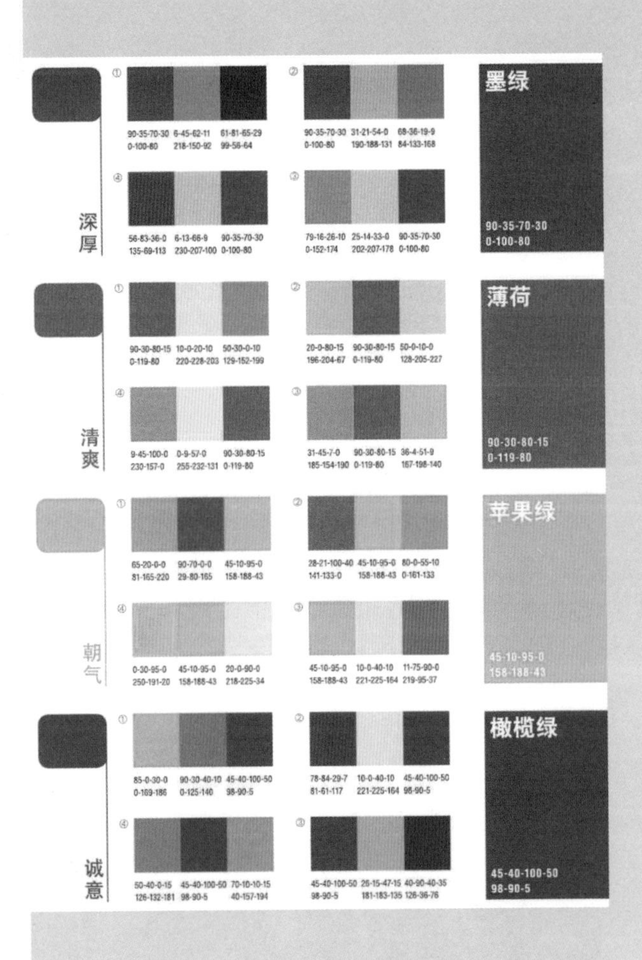

深厚
①
90-35-70-30 0-100-80
6-45-62-11 218-150-92
61-81-65-29 99-56-64
②
90-35-70-30 0-100-80
31-21-54-0 190-188-131
68-36-19-9 84-133-168
④
56-83-36-0 135-69-113
6-13-66-9 230-207-100
90-35-70-30 0-100-80
③
79-16-26-10 0-152-174
25-14-33-0 202-207-178
90-35-70-30 0-100-80
墨绿
90-35-70-30
0-100-80
清爽
①
90-30-80-15 0-119-80
10-0-20-10 220-228-203
50-30-0-10 129-152-199
②
20-0-80-15 196-204-67
90-30-80-15 0-119-80
50-0-10-0 128-205-227
④
9-45-100-0 230-157-0
0-9-57-0 255-232-131
90-30-80-15 0-119-80
③
31-45-7-0 185-154-190
90-30-80-15 0-119-80
36-4-51-9 167-198-140
薄荷
90-30-80-15
0-119-80
朝气
①
65-20-0-0 81-165-220
90-70-0-0 29-80-165
45-10-95-0 158-188-43
②
28-21-100-40 141-133-0
45-10-95-0 158-188-43
80-0-55-10 0-161-133
④
0-30-95-0 250-191-20
45-10-95-0 158-188-43
20-0-90-0 218-225-34
③
45-10-95-0 158-188-43
10-0-40-10 221-225-164
11-75-90-0 219-95-37
苹果绿
45-10-95-0
158-188-43
诚意
①
85-0-30-0 0-169-186
90-30-40-10 0-125-140
45-40-100-50 98-90-5
②
78-84-29-7 81-61-117
10-0-40-10 221-225-164
45-40-100-50 98-90-5
④
50-40-0-15 126-132-181
45-40-100-50 98-90-5
70-10-10-15 40-157-194
③
45-40-100-50 98-90-5
26-15-47-15 181-183-135
40-90-40-35 126-36-76
橄榄绿
45-40-100-50
98-90-5

5. 蓝色（创造力之门）

蓝色是天空的颜色、大海的颜色，它代表着友好、和谐，代表博大的胸怀，像海一样的宽阔，像天空一样地敞开，所以蓝色是一个无边无际的颜色，几乎没有人不喜欢这个颜色，蓝色也是中性色，是男人、女人都可以穿的颜色，是公平的颜色。

比如在英国，在贵族圈里有这样的一个流行：在结婚的时候，新娘都会穿上蓝色的裙子，或者说在新娘的手捧花上，或者说裙子的腰带上是蓝色的，蓝色象征着忠诚，跟我们中国结婚的时候一定要有红色是一个寓意。

喜欢蓝色的人比较注重心灵的沟通，都能够和自己对话，蓝色的人通常偏内向，不想走到人群的前面，就怕被别人看见，喜欢往后退，跟红色相反，蓝色对应的是我们的喉咙那个位置，疗愈的是表达力，凡是跟人的交流有关系的，都跟表达力有关系，表达力不是你敢不敢跟人家去沟通，而是你讲的话能否被别人接收到。

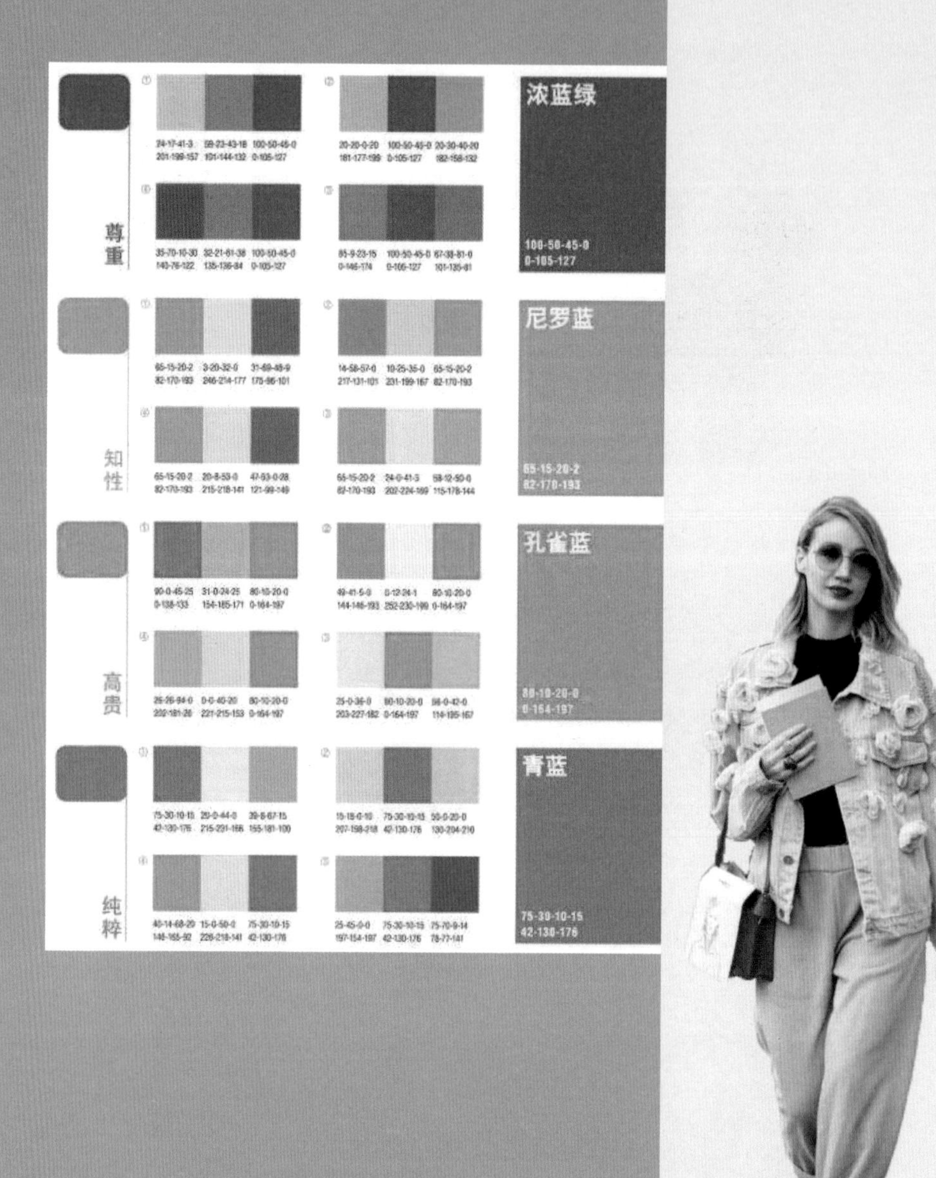

尊重
24-17-41-3 201-199-157
59-23-43-18 101-144-132
100-50-45-0 0-105-127
20-20-0-20 181-177-199
100-50-45-0 0-105-127
20-30-40-20 182-158-132
35-70-10-30 140-76-122
32-21-81-38 135-136-84
100-50-45-0 0-105-127
85-9-23-15 0-146-174
100-50-45-0 0-105-127
67-38-81-0 101-135-81
浓蓝绿
100-50-45-0
0-105-127
知性
65-15-20-2 82-170-193
3-20-32-0 246-214-177
31-69-48-9 175-96-101
14-58-57-0 217-131-101
10-25-35-0 231-199-167
65-15-20-2 82-170-193
65-15-20-2 82-170-193
20-8-53-0 215-218-141
47-63-0-28 121-99-149
65-15-20-2 82-170-193
24-0-41-3 202-224-169
58-12-50-0 115-178-144
尼罗蓝
65-15-20-2
82-170-193
高贵
90-0-45-25 0-138-133
31-0-24-25 154-185-171
80-10-20-0 0-164-197
49-41-5-0 144-146-193
0-12-24-1 252-230-199
80-10-20-0 0-164-197
26-26-94-0 202-181-26
0-0-40-20 221-215-153
80-10-20-0 0-164-197
25-0-36-0 203-227-182
80-10-20-0 0-164-197
58-0-42-0 114-195-167
孔雀蓝
80-10-20-0
0-164-197
纯粹
75-30-10-15 42-130-176
20-0-44-0 215-231-166
39-8-67-15 155-181-100
15-18-0-10 207-198-218
75-30-10-15 42-130-176
50-0-20-0 130-204-210
40-14-68-20 148-165-92
15-0-50-0 226-218-141
75-30-10-15 42-130-176
25-45-0-0 197-154-197
75-30-10-15 42-130-176
75-70-9-14 78-77-141
青蓝
75-30-10-15
42-130-176

6. 靛色（智慧之门）

靛色是排在浅蓝色后面的一种颜色，是在蓝色和紫色之间，是另外一种蓝，也叫藏青色，是特别容易上色的颜色。

靛色代表着理性和严谨，所以它被广泛地运用于一些职业，比如说飞行员、民航的工作人员，还有消防员或者保安等。靛色还是创造的颜色，大家一定听过一种花的名字叫作蓝色妖姬，就是蓝色的玫瑰花。靛色它对应的是头轮疗愈，是我们的智慧之门。

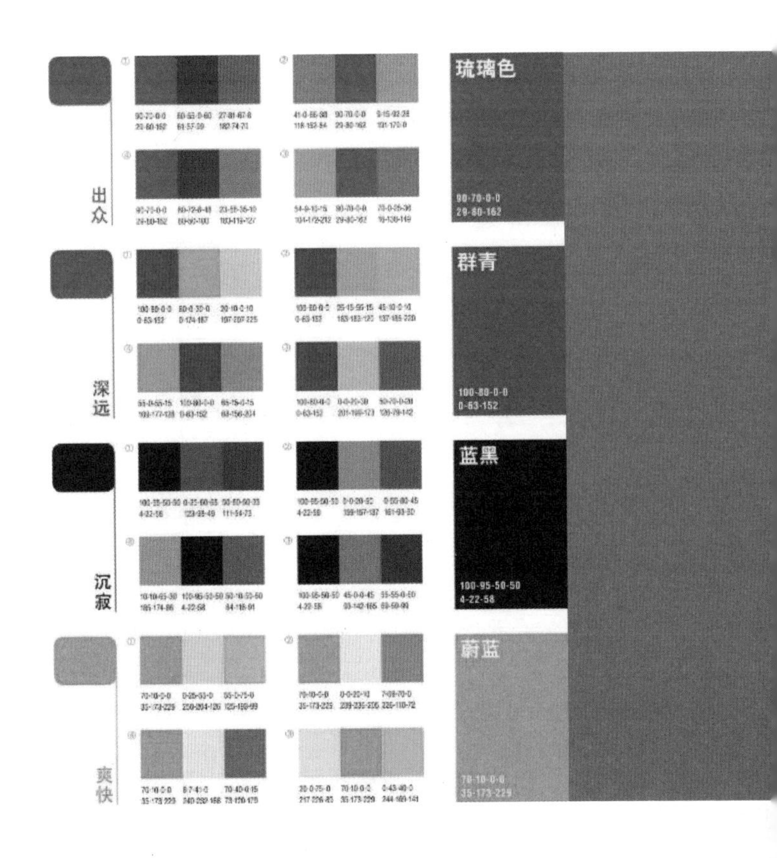

7. 紫色

紫色是一个混合着红色和蓝色的色彩，它用来代表情感的混合。自然界中，紫色比较难上色，所以紫色的东西比其他的颜色显得更加珍贵。紫色是权力的象征，在古罗马统治时期，只有国王和王后以及皇位的继承人才可以穿紫色，其他人通通都不可以。身份很高的大臣，可以在衣服上镶个紫色的边儿，如果是其他的人穿了就会被处死。

紫色对应的是头顶轮，它的作用区域也是头部脑部，比如说紫色的花朵，可以用来治疗偏头疼、高血压和睡眠障碍等，薰衣草可以治疗头疼，紫罗兰表示的是谦恭的意思。因为紫色是介于红和蓝之间，所以紫色有暧昧的意思。我们说紫色最能表达女人的气质和女人味儿，紫色代表着女性的多愁善感。紫色是忧郁的，穿上紫色会让你显得特别的神秘，在两性世界里，建议你多用一些紫色。紫色是至柔的颜色，代表的是夜晚与月光，所以能够链接到紫色的女人都是温柔的女人。紫色代表着神秘灵性和浪漫的气质，在约会和派对中都能够轻轻松松地释放着你的气场能量。从一件紫色的连衣裙开始，让大家慢慢被你的才华所吸引吧！

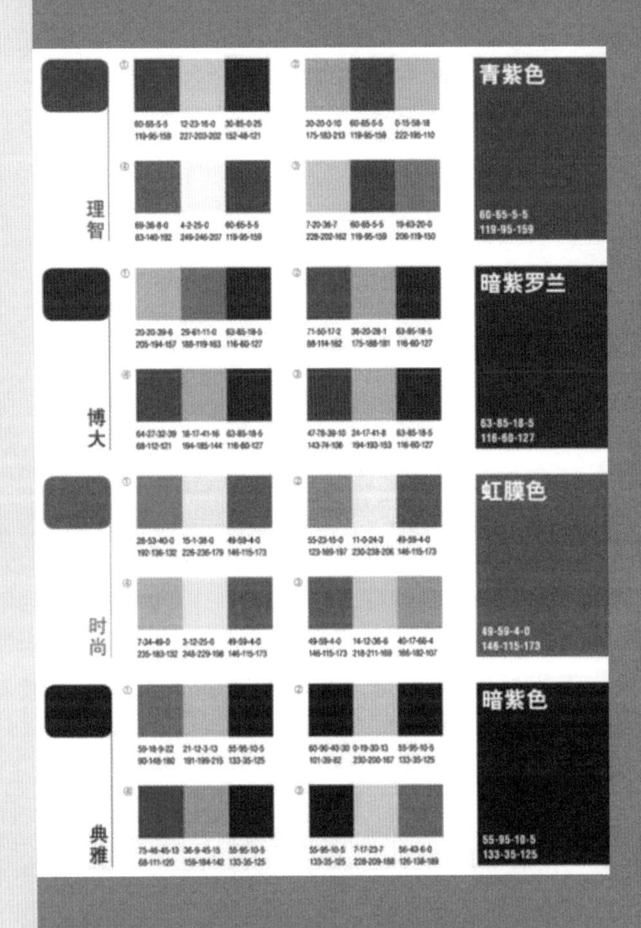
理智
青紫色
60-65-5-5
119-95-159
博大
暗紫罗兰
63-85-18-5
116-60-127
时尚
虹膜色
49-59-4-0
146-115-173
典雅
暗紫色
55-95-10-5
133-35-125

CHAPTER 5

让你的衣橱更懂你

衣橱革命，
让你脱胎换骨
拥有一个『简约而丰盛』的衣橱，
就能美丽得很轻松；
穿衣打扮是我每天最享受的时光！

女人无论在哪个年纪，都有自己钟情的衣服和穿衣服的品位，而每个女人钟情的衣服和穿衣服的品位是不同的，但是所有的女人，有一样东西是相同的，就是永远都少一件衣服，永远都要不停地买衣服。有多少女人有购物癖，高兴要买，不高兴也要买，打折要买，换季也要买，路过要买，生日要买，发奖金也要买，过年过节更要买，但是衣橱里没有淘汰制，只有进没有出，所以呢，衣橱里堆得满满得像仓库一样，但是有一个小的场合，还是发现自己没衣服穿。有没有想过想一个办法来解决一下呢？这一部分内容献给愿意自己动手整理衣橱的姐妹，我们一起来交流一下，用什么样的方法可以自己搞定衣橱管理的事。我们简单地命名为衣橱整理五步曲。

第一步：断舍离，清理衣橱是种疗愈

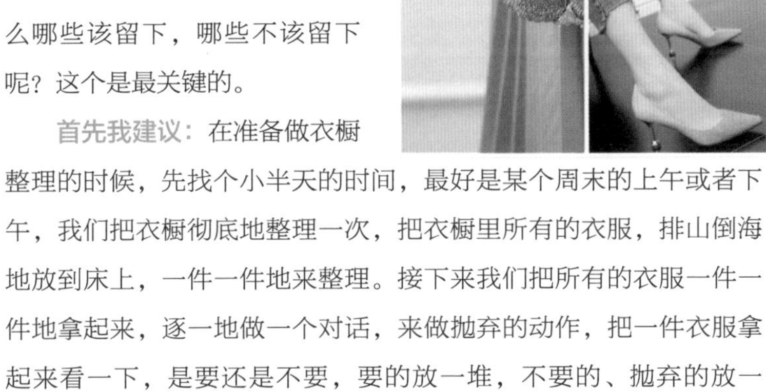

俗话说，旧的不去，新的不来，先把不该留下的抛弃掉，把该留下的留下，再补充一些必需的，这是一个衣橱整理的基本思路。这个思路要非常地清晰，那么哪些该留下，哪些不该留下呢？这个是最关键的。

首先我建议：在准备做衣橱整理的时候，先找个小半天的时间，最好是某个周末的上午或者下午，我们把衣橱彻底地整理一次，把衣橱里所有的衣服，排山倒海地放到床上，一件一件地来整理。接下来我们把所有的衣服一件一件地拿起来，逐一地做一个对话，来做抛弃的动作，把一件衣服拿起来看一下，是要还是不要，要的放一堆，不要的、抛弃的放一堆，可要可不要的放一堆。

首先哪些衣服是属于该抛弃的呢？

① 不符合现在身份、年纪和职业的衣服

时代在变，形象也在变，年龄也在变，少女有少女装，熟女有熟女装，无论什么时候穿出身份感都是很重要的。在其位谋其职，皇上要穿皇上的衣服，将军要穿将军的衣服，你在哪个身份上就要穿哪个衣服。

② 不符合现在身材的衣服

有很多人在做衣橱整理的时候，拿起件衣服就开始幻想，幻想说我现在正在减肥，这件衣服我两个月以后一定能穿，先留着吧。其实，万一你越减越肥怎么办呢？有的说这件衣服，我还没有给它配到上半身，那等我配上了再穿吧，或者是……，不符合现代身材的衣服就坚决不要了，我们的形象永远在当下，而不是在未来的某个时刻，所以你衣橱里的衣服必须是当下马上就能穿的衣服，因为衣橱管理，我们是三个月整理一次。

③ 过长的、过短的、怪诞的、可爱的

当你拿起过长的、过短的、怪诞的和可爱的衣服，就要考虑要不要了。如果身材不高，过长的衣服容易让你的比例不好看，另外，过长的衣服在生活中也不是那么方便，如果不是去上舞台或者去参加颁奖礼。所以，遇到这一类的衣服要考虑清楚。过短的衣服，例如超短裙、迷你裙等等，我们要考虑一下它是什么人穿的衣

服，是什么年纪穿的衣服，青春美少女可以超短裙、大长腿，如果不是，我们还是回避一下。怪诞的、可爱的也是同样。

④ 有特殊纪念意义的衣服

比如说婚纱，前几年买的大衣已经是很out了，但是因为买的时候挺贵的，舍不得处理；比如说某件羽绒服是老公给买的，也不穿了，但是还是挂上了，占了一处大大的空间。像这些有纪念意义的衣服也把它全部拿出来打包，不穿的都拿出来打包。

⑤ 过时的、过季的、变质的

过时的、过季的、变质的衣服就不要了，很土的衣服就不要了，你要与时俱进，要活在当下，活在当下的时代里，活在当下的潮流里，活在这个最in的时尚里面，所以别人都在穿2019年的新款了，你还在穿2015年的款，那就Out了，所以要去注意一下这个事。两年以上没穿的衣服，还是果断地就不要穿了吧。为什么你发现你一柜子的衣服总是没衣服穿呢？因为有一些两年以上都没穿的衣服，它已经过时了，那个时候的衣服已经配不上现在的你啦。

在这里要提示一下大家，我们说的那些打包抛弃掉，不是指你直接扔垃圾桶或者是拿去捐献掉，而是指你把它打包放在床底下，或者是放在阁楼上，或者放在乡下老房子里等等，因为也许你下一次整理的时候，它可能还可以再穿了，也许过了三年，你那些料子还好的衣服，又开始流行了，你还可以再穿。

为什么不穿的不能都放在衣橱里，而是要拿出来放一边呢？我们看一下，地摊上的衣服是怎么摆挂的？密密麻麻每一件衣服，你觉得那些衣服款式不好吗？其实很多地摊上的衣服款式非常漂亮，但为什么感觉不好呢？你可以到奢侈品店里面去看下那些高级的衣服，每个衣架最多七八件衣服，每一件衣服清清爽爽，所以你要把衣橱里那些当下不穿的衣服先拿出来放到一边，把仅有的空间给到那些现在就穿的衣服，让它们住得舒服一点。

所以我们说要用买艺术品的眼光去买衣服，而不是随便、贪便宜、打折我就买，然后买回来随便一丢，可能也不穿，或者穿了一两次，然后就把它抛一边了。但凡是你用心体验过的衣服，你真爱过的衣服，你用艺术品的眼光把它请回来的衣服，像贡品一样放在你的衣橱里的衣服，它才是你的战袍，穿在身上才会为你演绎风景。其次，你胡乱买回来的衣服，那都是一种对自己的不自信，没有安全感，是对生活抓取和掌控的一种弥补，你没有办法去享受这些衣服，也没有办法享受它给你带来的乐趣，你跟衣服也没有办法交流，这些衣服也无法疗愈你、无法帮助你。

女人在衣橱面前好比皇帝与后宫三千佳丽是一样的，每个女人的衣橱就是你的后宫，后宫里，总有几个特别喜爱的。喜新厌旧也

是人的本性，爱一件衣服时间久了，看见了更美的，你还是要去买。拥有和占有是两回事，所以穿衣服和着装也是两回事。

第二步：健康检查

接下来我们把剩下能要、能穿的衣服再做一个健康检查。什么是健康检查呢？我们都有一个共同的生活经验，就是有时候想好了明天我要穿那条裤子配那件上衣，结果第二天早上穿上去一看，哎呀，这个裤子的拉链怎么坏啦？这个上衣的纽扣怎么掉了？或者说有一块污渍怎么没洗干净啊？然后慌慌忙忙地再去找另一件，结果因为时间不够没搞好，所以又带着一个不完美的形象开始不那么完美和顺利的一天。所以健康检查非常有必要。在衣橱管理的时候，顺便把剩下的衣

服都检查检查，有没有需要去清理的，去缝缝补补的，去拆开修修的，还有顺便把你的饰品也一并整理清楚，鞋子需要上油的，包包需要去打蜡的，还有那个配饰有一颗珍珠掉下来，等等，那些修修补补的健康检查，统一地拿去修复。

挂件顺序

①长裤、长裙
②短裤、短裙
③衬衫、上衣
④外套
⑤大衣

第三步：系统地摆放

这些剩下的衣服重新地摆回去，该如何吊挂呢？首先是衣橱里春夏和秋冬的衣服分开，要有季节感。在同一个季节里，我们要按照款式来分类，然后把同类的挂在一起，比如说衬衫和衬衫挂一起，外套和外套挂一起，裤子和裤子挂一起，而裙子和裙子挂在一起，等等。

我们的摆放顺序是什么样的呢？长裤、长裙、短裤、短裙、衬衫、短外套、长外套、大衣，按照这样的一个顺序就是两边是长的，中间是短的，一目了然地摆挂。把那些不能摆挂的东西放到盒子里，而放到中间空出来的区域。比如说有一些丝绸的衣服，挂了就变形的，我们就把它叠起来，放到盒子里，放到中间。

这里有一点提示大家的，就是你整套买来的衣服，建议也是分开来挂会比较好，因为如果你整套一起挂的话，很可能有一种状况，就是这一套衣服一辈子就只有这一种穿法，但是你把上衣和裤子分开，你会发现，也许这个裤子和其它的上衣还是配的，这个上衣和其它的裙子也还是配的。然后第二个注意的事项就是，我们可以在你比较多的衣服里面，再按照颜色和材质做一个细分，比如说你的衬衫比较多，那么我们可以把白衬衫放一起，其它花的衬衫放一起，或者说鹅蛋颜色的放一起，鲜艳的放一起，印花的放一起来更加地细分。如果说裤子，我们可以把九分裤、直筒裤、铅笔裤去分开，或者说如果裙子那一档的我们就把黑的放一起，有图案的放一起，休闲的放一起等。

第四步：高效衣橱的黄金比例

想要拥有一个高效衣橱，首先要明确个人角色、职业，带着头衔、身份去置装，而不只是为买而买，这样你才不至于重复买了一大堆同款衣服，却在重要场合找不到一件“战袍”。职业女性的理想衣橱，整体上应符合一组黄金比例：上装与下装的数量比为3：1，中性色、常用色、流行色的比例为5：3：2，基本款、经典款、潮流款的数量比为5：3：2。值得注意的是，社交装、商务正装、休闲装的数量比应在4：4：2，令我们尴尬的往往是社交、正式场合，你的职位越高、角色越重要，越应提高社交、商务正装的比重。同时，年龄越大，越应选择质量上乘的服装。如果说，30岁前穿颜色、穿款式，那40岁后一定要更重视穿品质。

接下来我们来做一个搭配游戏，这个游戏虽然不花钱，但是花时间，这个游戏是衣橱管理最重要的一步。既然是游戏，那肯定有主角和配角，那么在服装的搭配游戏里，不一定衣服就是主角，饰品就是配角，大家都有一个共同的生活经验，就是有时候我买了一个新的包包，我很喜欢这个包，我明天就想用它，但是我家里没有合适搭配的衣服，为了这个包又去买一条裙子；或者说我很喜欢一双鞋子、一顶帽子，为了这双鞋、这顶帽子去买套衣服，也是常有的事。那么这个鞋和帽子就是主角，其他就是为它来搭配的，所以每一天找好主次，例如从衣橱的最左边找出第一条裤子，假如它是主角的话，我们再来找它的配角跟它相搭配。然后把衣橱里剩下的每一件衣服，都让它们有一个当主角的机会，以此类推，去搭配一下，那么在搭配的时候我们就开始同时做第五步：列出购物清单，比如说这条裤子这件上衣是挺配的，可是缺少一条腰带，你就用笔把腰带记下来，这条裤子和这件上衣配是很配，但是缺少一条什么颜色的丝巾，或是找一个什么样的胸花等等，这个时候是非常有乐趣的，因为这个时候你在创造，你在做自己的形象设计，缺一个什么样的配色？缺一双什么样的鞋？缺一个什么样的包包？统统

把它列出来。

总之，高效衣橱的特点包括：场合与服装成正比；色彩搭配完整；单品之间搭配度高；风格适应性强。

第五步：完美衣橱投资公式

永远记住一个公式：一件衣服的单价等于购买总价除以穿着次数，所以你要给穿着次数最多的衣服留最高的预算。无论何时，你的衣橱都应必备一个“万能急救包”，内置一条小黑裙或单色修身连衣裙、灰色系围巾或披肩、灰色包头皮鞋、珍珠项链、高雅胸针。在令你措手不及的紧急时刻，会一秒钟拯救你的人生。如果你特别追求性价比，值得推荐的淘货原则是：逛一线大商场或国际大牌官网，最好多多试穿；参照他们当季的设计、款式、颜色、图案，去时尚小店或其他地方选购。如此，高品位与低价格可兼得。另外，照搬流行会付出代价，明星款和时尚杂志款未必适合你，每年为衣橱补充10%的流行款就足够了。你始终要重视的是百搭款和基本款。

我经常听到很多家庭主妇感慨去菜场买菜很困难？真的不知道吃什么，真的不知道买什么菜，因为你没有采购清单，也没有目标，你只知道说中午时间到了要去买菜，但是又不知道买什么，于是在菜市场瞎逛。瞎逛了几圈，非买不可，算了就买块豆腐吧，因为也不是太想吃，又回来随便做，因为是随便做做，也不是很好吃，所以你吃几口就浪费了，日复一日地轮回循环……而为什么那些酒店里的采购员买一车的菜很快就买好了呢？因为他们有清单，因为清单上写得很清楚，都需要买什么。买衣服也是同样道理，买衣服时因为没有清单，没有目标，只是知道我形象不好，又要买衣服了。于是你去到商场，很容易被别人“拿下”，搞促销的、搞换季、打折的、搞清仓的……

我们都是普普通通的人，我们在生活中，都是过简简单单的日子。如何来计算一件衣服的价格？一件衣服是贵还是便宜，不是看这件衣服的吊牌价是多少，而是看它的使用率。比如说，一条裤子1200元，它可以搭配T恤、衬衫……一共可以搭配十种上衣，那么

除一下这条裤子，就是120元，如果这条裤子搭配了这么多衣服，一年穿20次的话，120除以20等于6元，如果这条1200元的裤子一年穿20次，在保养得当的情况下，可以穿五年，那么再除以五，实际上它又是多少钱？按照这样的计算你看一下你衣服里的衣服，你买的是贵还是便宜？所以我经常跟大家分享说，凡是你不能穿到第二年的衣服都是太贵了。凡是你买的衣服只能穿当年，第二年你就觉得它没法穿了、变形了、起球了，等等，这些衣服对于你来说都太贵了。对于一个30岁以上的成年成熟女性来说，服装的品质就是我们的人品，我们已经慢慢地从穿数量转变到穿质量，慢慢地从用服装的款式来表达自己，改变为穿简单的基本款，用面料来表达自己，所以你的服装基础设施的档次，体现了你整个人的档次。档次是什么？就像快餐店里的番茄炒蛋，和五星级酒店的番茄炒蛋，因为星级酒店的番茄炒蛋，仅仅是番茄新鲜了一点点，鸡蛋新鲜了一点点，油好了一点点，于是炒出来味道是不一样的，整个菜品是不一样的。

另一方面，合理的保养、洗涤、熨烫方式也将延长服装寿命，很

如何计算一件衣服的价格：

- 一件衣服的价格：1200元；它可以搭配10套衣服，1200/10=120元
- 每年穿这件衣服的次数为20次；120/20=6元；这件衣服可以穿5年；6/5=1.2元
- 在保养得当的情况下，一件1200元的衣服成为1.2元的衣服
- 衣服真正价格的计算方式：一件衣服的价格=购买时的价格/可搭配的服装套数/每年穿的次数/年数

多衣物不是穿坏的，而是不讲究保养变坏的。譬如，放入洗衣机前要把衣服的纽扣、拉链、挂钩等系好；收纳包包时要塞好填充物以免变形；长筒靴建议用衣架垂挂；羽绒服洗好后放进真空收纳袋；裤装适合卷成卷叠放；同样价位，挂烫机比电熨斗效果好，还不伤衣服。

整理衣橱的过程，也是一场心灵SPA，当你把衣橱整理得清清爽爽时，整个人生其实都会轻松许多。建议每年至少整理衣橱2～4次。

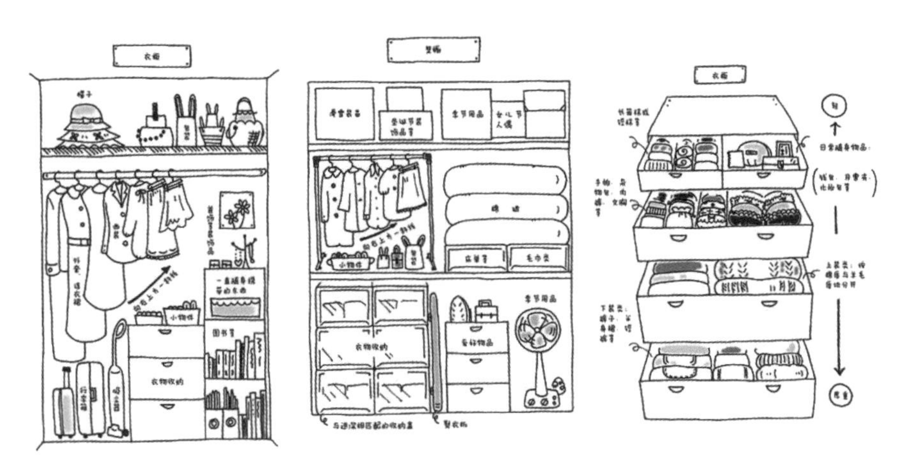

魅力到底是什么？

魅力包含技术、真诚和神秘感……

一开始它是一种技术，

然后由于真诚，

就成为我们的一种习惯，

最终，

它会转变为我们独特的神秘的魅力……

——米陈